① 小さな圃場と生垣, そして森からなる典型的な英国の風景. 集約的農業によって生垣は除去され, 圃場は広げられて放牧地は耕作地に替えられた. (ハーフォードシャー)

② 集約的栽培されたナタネ耕作地.

③ ブルーベルと Stellaria holostea (ハコベ属) は重粘土質の低木林の林床植物の特徴を示す.

④ 国立自然保護地パーソネッジ・ダウンの石灰質丘陵地における羊と牛の放牧 (1983年6月)

⑤ 草地はほかの野生生物にとっても重要な生息地であり, 植生の構造と種構成に大きな影響を与えている. この写真ではたくさんのアリ塚が見られる. (ポートン・レンジス)

⑥ 学校敷地内につくられたワイルドフラワーの草地.（1988年）

⑦ スロットシーダーで播種後3年の状況.

⑧ 国立自然保護地ソルトクリートバイにおけるランの大群落
（主に、*Dactylorhiza Praetlnissa, D. incarnata, D. Fuchsii*）（1987年6月）

英国田園地域の保全管理と活用

テレンス C.E. ウェルズ 著

高橋 理喜男 訳

信 山 社
サイテック

はじめに

　本書は日本大学藤沢キャンパス（生物資源科学部）において、1994年1月から2月にかけて行われたテレンス・ウェルズ博士の講義集録である。講義のなかで話されているように、英国での自然環境が置かれている生態的あるいは社会的課題、それらに対する政策的・技術的対応などについては、自然環境や農業構造の違いを超えて、大変示唆に富むところが多く、ぜひ多くの人々に読んでいただきたいと思い、講義録の出版を思い立った。

　しかし、当初、協力してくれた学生が卒業するとともに、その後の継承がスムーズにいかず、半ば諦めかけていたところ、旧知の吉田央子さんが協力を申し出てくださり、渡りに舟とピッチをあげて取りまとめにかかった。小生の定年までにと思いつつ雑事に遂われて、予定より1年も遅れてしまったが、ようやく出版にこぎつけることができて、訳者として大変うれしく思っている。

　ウェルズ博士は、イギリスの国立陸上生態研究所所属モンクスウッド試験場の自然保護植生管理室長を勤めていて、その間、幅広い分野の研究に取り組んでおられた。特に、私が関心を持ったのがワイルドフラワー（野生草花）に関する研究であった。そこで、この分野を含めて、さらに英国の田園地域の保全管理を中心とする幅広い講義をお願いしたいという、私の欲張った要請にも応えて下さった。それ以外にも博士は野生ランのポピュレーションに関する研究も長年続けており、これについても講義に加えられた。

　ウェルズ博士と私の関係だが、1978年に初めてイギリスを訪れた時に出会ったのが始まりであった。実は、博士の勤めていたモンクスウッド試験場の隣に非常に大きな国立自然保護地区モンクスウッドという森があり、その自然保護地区を見学したいということで、そこを管理する試験場を紹介さ

れ、その時に案内をしてくれたのがウェルズ博士であった。そのあと博士の研究場所である実験圃場に案内され、そこで行っていたのがワイルドフラワー（野生草花）の研究であった。自分で種子を採集してきて、それをいろいろの比率で混播したりして、広い圃場を一人で取り仕切っているのを見て、非常に驚いたことが今でも鮮明に思い出される。

その頃の日本では、ワイルドフラワーを自然風な景観形成のために利用することなど、夢にも思っていなかった。その後、これら研究の成果を博士が中心にまとめられ、王立自然保護協会から出版された[注1]。帰国後、しばらくして送られてきた本を見て、博士らの実験の成果が早くも実用に結びつくまでに至っていることを初めて知ったわけである。そして、1998年の夏に再訪した時に、日本の道路公団のようなところで、道路法面の緑化のひとつとしてワイルドフラワーを使用した緑化のマニュアルを頂戴した[注2]。これも非常に内容が面白く興味が湧き、これについても今回講義してもらえた。

その後、二度目にお会いしたのが、1980年5月のブルーベルの見学の時であった。イギリスでは、ブルーベルという非常に美しい花が林床一面にカーペット状に咲き誇る時期がある。そこで、このブルーベルの花を是非見たく、いつ行ったら見られるかを手紙でたずね、5月の初旬ならよろしいということで再訪したのであった。その時には大学院生2人も同行し、博士の奥様に案内してもらった。その自然保護地区は、地域のナチュラリスト・トラストの人々がボランティアでその保護と管理をしていることを説明してもらうなど、楽しいひと時を過ごすことができた。

なお、奥様のSheila夫人は、キノコの研究者であるとともに、ナチュラリストとしても活躍されている。

そこで、博士の研究テーマの一つである、ワイルドフラワーの保全・管理

注1） Wells, T.C.E., Bell, S.A. and Frost, A. (1981) : Creating Attractive Grasslands using Native Plants Species, Nature Conservancy Council.
注2） Wells, T.C.E. *et al*. (1993) : The Wild Flower Handbook, The Dept. of Transport.

についてのさまざまな課題について、機会があったら是非日本で紹介したいとかねがね思っていたところ、幸いにして日本大学の海外招聘教授の制度のおかげで実現することができた。この場を借りて大学当局に厚く御礼申し上げたい。ただ、春の時期に招聘したかったのだが、博士の方での会計監査などの都合で、真冬になってしまったのが残念であった。次回は春から初夏にかけて、日本でもいろいろな花が咲き誇る時期に訪ねてもらえることを期待している。

　本書の刊行にあたり、講義の準備、その他さまざまな雑事を引き受けてくださった葉山嘉一講師と藤崎健一郎講師、さらに、招聘にあたって多くの助言を頂いた勝野武彦教授に心から感謝の意を表する。また、本書の取りまとめに全面的にご協力くださった吉田央子さんには心から御礼申し上げる。なお、追録の翻訳は、その道に詳しい米田和夫教授（花卉園芸学研究室）が引き受けてくださった。先生の協力がなかったら、危うく画竜点睛を欠くところであった。謹んで感謝の意を表する。

　最後に、本書の出版を快く引き受けてくださった信山社の四戸孝治氏ならびに堀内正樹氏にも心から御礼申し上げたい。

2000年1月

高橋理喜男

【信山社サイテック「自然環境／関連」図書一覧】　1999/11

自然復元特集5．淡水生物の保全生態学―復元生態学に向けて　　森　誠一編著

ISBN4-7972-2517-3 C3045　　B5判；248p　　定価：本体2,800円（税別）

近年、河川・湖沼において淡水生物の生息環境が大きく改変されてしまった。今まで気にも留めず、当たり前にいると思っていた生きものたちが絶滅の危機に瀕している。そのような中、多様な生物が持続して営みをまっとう出来る自然環境を保護・保全し、自然と共生する社会を構築する取り組みが始まろうとしている。本書では、多くの研究者によるモニタリング調査、個々の生息環境の変遷から得られた知見を元に保護・保全、環境復元のあり方を模索し、良好な水環境の回復へのｱﾌﾟﾛｰﾁを試みた。

自然環境復元特集6．学校ビオトープの展開―その理念と方法論的考察　　杉山恵一・赤尾整志監修

ISBN4-7972-2533-5 C3040　　B5判；220p　　定価：本体2,800円（税別）

「ゆとりある教育」をめざし「総合的な学習の時間」が設けられるようになった。学級崩壊が叫ばれている今、子供達と教師は何をどう取り組んでいくのかが問いかけられている。「学校ビオトープ」は、自然の中での生き物たちの営み、躍動、生命の育みを共生する空間を学校の中だけでなく、地域でつくり護っていくことにある。その自然体験から得た「心の芽」を育んでいくことを目的としている。本書では、その基本的な考え方と進め方について、教育現場の方を中心に解説した入門書である。

エバーグレーズよ永遠に―広域水環境回復をめざす南フロリダの挑戦　　桜井善雄訳・編

ISBN4-7972-2546-7 C3040　　A5判；104p／カラー　　定価：本体2,500円（税別）

公共事業の徹底した見直しによるフロリダ半島のエバーグレーズ大湿地帯での自然回復事業について、計画・策定から実施・管理までの広域的な取り組みを紹介。情報を公開し積極的な住民参加を促し、水系全体の自然生態系を保護・保全・回復するにはどのような管理が必要か。これからの行政における水循環・水環境管理の在り方を問いかけた。

増補　応用生態工学序説―生態学と土木工学の融合を目指して　　廣瀬利雄監修

ISBN4-7972-2508-4 C3045　　キク判変；340p　　定価：本体3,800円（税別）

従来の土木技術的発想では今日の環境問題への対応は限界があり、新たな発想の転換が必要になってきた。工学一辺倒の発想から生態学の知見を取り入れた自然環境への配慮が叫ばれている。本書では「環境と開発」という大きな命題に、土木工学がどのように生態学アプローチを試みることができるかを検証した。

沼田　眞・自然との歩み　―年譜／総目録集　　堀込静香編纂

ISBN4-7972-2801-6 C0040　　キク判変；240p　　定価：本体5,000円（税別）

植物生態学／応用生態学の世界的学者、自然保護／環境教育における学術的バックボーンとして、自然と共に歩み続け記録してきた資料は、まさに我が国の現代生態学／自然保護の歴史そのものである。
年譜と全著作を時系列・分類別に整理し収録した。

環境を守る最新知識―ビオトープネットワーク　自然生態系のしくみとその守り方　　（財）日本生態系協会編

ISBN4-7972-2531-9 C3040　　A5判；180p　　定価：本体1,900円（税別）

今、社会全体に問いかけられている自然環境の問題において、その自然生態系の基本的な事柄から、現在大きな社会問題となっている環境ホルモンやダイオキシンなど環境汚染について、簡潔に且つわかりやすく解説した。ビオトープ管理士資格取得のための必携書。

最新　魚道の設計―魚道と関連施設　　（財）ダム水源地環境整備センター編

ISBN4-7972-2528-9 C3051　　B5判；620p　　定価：本体9,500円（税別）

魚道に関する研究はわが国だけでなく広く海外でも行われているが、その設計においては多方面の学際的な研究が不可欠であり、最近まではは部分的な研究はあったが、総合的（専門的）な研究としてはそれほど多くは見られなかった。そこで、本書では各分野の研究者・技術者により得られた知見と内外の数多くの資料を基に議論を交わし、魚道だけでなく関連の施設についても総合的にまとめ、解説を試みた。

景観と意匠の歴史的展開―土木構造物・都市・ランドスケープ　　馬場俊介監修

ISBN4-7972-2529-7 C3052　　B5判；358p　　定価：本体3,800円（税別）

「デザインの歴史的展開」と「作品の解題（分析）」を主体としたデザイン論を縦横に織りなし、橋などの土木構造物に限定せず、境界領域の都市・ランドスケープにおける景観・意匠についても踏み込んで解説した。また、自然環境にも配慮した構造物の設計にも言及した。

湾岸都市の生態系と自然保護　　監修；沼田眞（日本自然保護協会会長）/編集；中村・長谷川・藤原（千葉県立中央博）

ISBN4-7972-2502-5 C3045　　B5判；1,070p　　定価：本体41,748円（税別）

急速な都市化が進む湾岸都市域での全野生動植物の生息状況と生態系について調査した第一級の資料。自然保護・保全・復元の基礎資料として必携の書。

自然復元特集1. ホタルの里づくり　　自然環境復元研究会編

ISBN4-7972-2973-x C3045　　B5判；140p　　定価：本体2,800円（税別）

ホタルの復活！生態・生息環境の復元のあり方について多方面の専門家により解説した、自然環境復元についてまとめた初の成書

自然復元特集2. ビオトープ　-復元と創造　　自然環境復元研究会編

ISBN4-7972-2972-1 C3040　　B5判；140p　　定価：本体2,800円（税別）

自然環境保全の新たな概念！ビオトープ（bio-tope/野生生物が持続して生息できる生態系の確立した、まとまりのある空間）づくりが各地で推進されている。その概念についての解説と各地で実施されている代表的な事例を挙げて、自然との共生を探った。

自然復元特集3. 水辺ビオトープ　-その基礎と事例　　自然環境復元研究会編

ISBN4-88261-530-4 C3045　　B5判；145p　　定価：本体2,800円（税別）

自然度が高く、豊かな生物相を育んできた水系（水辺）の保全・復元のあり方について、その基礎的な概念と各地の事例をまとめた実用的な書として解説した。

自然復元特集4. 魚から見た水環境—復元生態学に向けて/河川編　　森　誠一監修

ISBN4-7972-2516-5 C3045　　B5判；244p　　定価：本体2,800円（税別）

河川の自然環境への人為的な関わりの現況とその展望・指針について、魚類生態学からの視点を中心に具体的な定量データを基づき、河川を取りまく環境の保全と復元のビオトープの基礎づくりを進めるための研究書としてまとめてある。

都市の中に生きた水辺を　　身近な水環境研究会編　桜井善雄・市川新・土屋十圀監修

ISBN4-7972-2975-6 C3040　　A5判；294p　　定価：本体2,816円（税別）

都市機能の中で、河川等の水辺及び水辺の空間は近年の急速な発展の前に治水面だけで計画されてきた感がある。この水辺を身近な自然環境の空間として、また自然学習・環境教育、さらには地震や火災等の都市災害に備えての空間を取り戻そうと呼びかけで、専門家20名によりまとめた書である。

都市につくる自然　　沼田眞監修/中村俊彦・長谷川雅美編集

ISBN4-7972-2976-4 C3045　　B5判；192p　　定価：本体2,816円（税別）

自然誌博物館、千葉県立中央博物館の中の生態園は都市の中で地域の自然を再現し、これを自然教育・環境学習の場としてだけでなく、生態学に根ざした自然環境の保護・保全の研究フィールドとして成果を積んできた。本書はそのモニタリング調査・評価を通して、各地で進められている都市の中での自然公園づくりの参考資料となる書である。

自然環境復元入門　　杉山恵一著

ISBN4-7972-2977-2 C3040　　B6判；220p　　定価：本体1,900円（税別）

何年か前にはホタルやトンボなど日本の風景としてあたり前にあった自然が急減してしまった。そして今、破壊され、失われつつあるその自然を自分たちの手で取り戻そうとする、自然環境の復元のうねりが各地の市民レベルで沸き起こっている。本書はその取り組み方とその最近の歴史から実態について分かりやすく解説した。

市民による里山の保全・管理　　重松敏則著

ISBN4-88261-504-5 C3045　　B5判；75p　　定価：本体2,800円（税別）

日本の原風景である里山が都市化の波で変貌してしまった。人間の営みとともに管理され、保護されてきた里山の自然が荒れ放題となってしまった。この身近な里山の自然を保護・保全するためには、一市民としてどのように関わっていけばよいか。著者の豊富な経験を通して、写真とイラストで分かりやすく解説した。

海辺ビオトープ入門；基礎編　　杉山恵一監修
ISBN4-7972-2501-7 C3060　　Ａ５判；192p　定価：本体2,621円（税別）

河川工法の研究　　クリスチャン　ゲルディ・福留脩文著
ISBN4-7972-2974-8 C3051　　Ｂ５判；100p　定価：本体2,500円（税別）

近年、治水・利水主体の河川管理行政が限界を迎えて、本来の自然の回廊としての河川の在り方への回帰が主流となってきた。建設省が推進している「多自然型河川工法」と同意の工法を、日本より急峻な河川形態のスイスでの事例を中心に、その手法を紹介する。

マングローブの生態 －保全管理への道を探る　　小滝一夫著
ISBN4-7972-2518-1 C3061　　Ｂ５判；150p　定価：本体2,800円（税別）

わが国でのマングローブは、その植生の北限とされている沖縄／南西諸島一帯の限られた地域でしか見られず、その存在自体あまり知られていないため、その生態については多くの未解明な部分があるといわれている。この特異な生態を形成するマングローブに魅せられ、何度も足を運び地道な研究を続けてきた一市井の研究者の貴重な観察記録。

中国の砂漠化・緑化と食料危機　　真木太一著
ISBN4-7972-2501-7 C3060　　Ａ５判；192p　定価：本体2,621円（税別）

中国は工業化が進み、人々は高賃金を求めて都市部に流入し農業従事者が減少している。さらに、砂漠化による農業生産の低下の影響が、世界的な食料危機をもたらしている。本書では、農業環境の面から砂漠化を防ぎ、緑化への大きな試みを検証してみた。

ラムサール条約と日本の湿地　　山下弘文著
ISBN4-7972-2970-5 C3036　　Ａ５判；200p　定価：本体2,000円（税別）

湿地の保護を目指したラムサール条約締結国会議が釧路で開催された。この会議を通して、日本各地の湿地保護の現状を紹介し、湿地の役割とその重要性を訴える。

アビ鳥と人の文化誌　　百瀬淳子著
ISBN4 88261-528-2 C3039　　Ａ５判；150p　定価：本体1,942円（税別）

アビ鳥は日本や朝鮮半島で越冬する渡り鳥で、広島県の鳥にも指定されている。以前は瀬戸内海の広島、愛媛にかけて、このアビ鳥の習性を利用してタイを釣る伝統漁法が盛んだった。しかし、今では海洋汚染や騒音等で全く姿を消してしまった。北欧では信仰の対象になっている、このアビ鳥の生態と人との交流を通して、現代を問いかけた書である。

わたしたちの森林（もり）づくり「新装版」　　森林クラブ編
ISBN4-88261-529-0 C3061　　Ａ５判；175p　定価：本体1,748円（税別）

いま、林業が直面する問題に関心を抱く都会の若者達が、実際に山に入り草刈りや植林に汗を流し、みんなで森林をつくるよろこびを体験した活動の記録。

魚にやさしい川のかたち　　水野信彦著
ISBN4-7972-2971-3 C3045　　Ｂ５判；135p　定価：本体2,800円（税別）

戦後のわが国での河川形態の多くが治水・利水優先で大きく改変されてきた。しかしその結果、各河川で魚類の減少が顕著となり、また河川を取りまく環境も悪化してしまった。川で一生を過ごす魚や回遊性の魚にとって、すみよい環境とはなにか、淡水魚研究の第一人者の著者が長年わたり調査研究した資料を主に解説した。

トンボの里、アカトンボにみる谷戸の自然　　田口正男著
ISBN4-7972-2514-9 C3045　Ａ５判；152p　定価：本体2,500円（税別）

日本の原風景である谷戸（谷津）、この身近にある自然には様々な生き物が生息し豊かな自然を創り出してきたが、近年の都市化の波で急速に減退している。この貴重な自然生態系を守るために教師と生徒達が一体になって、そこにすむ代表的な生物であるトンボの生態を調査研究し、その地道な観察を記録することで自然の尊さを体験した。

野生草花の咲く草地づくり — 種子発芽と群落形成　　高橋理喜男監修/近藤哲也著
ISBN4-88261-509-6 C3061　　B5判；100p　　定価：本体2,800円（税別）

在来種を復活させ、地域・気候に適した群落を形成するための地道な研究の成果を、豊富なデータに基づき解説した研究書。

地球水環境と国際紛争の光と影　　水文・水資源学会編集出版委員会編
ISBN4-88261-547-9 C3040　　A5判変；233p　　定価：本体2,621円（税別）

カスピ海、アラル海、死海と21世紀の中央アジア/ユーラシアの乾燥地・半乾燥地での水資源・環境問題の取り組みについて、世界的な枠組みの中でどのように関わっていくか、その現状と今後の課題について専門分野の研究者達により解説した。

積雪寒冷地の水文・水資源　　水文・水資源学会編集出版委員会編
ISBN4-7972-2522-x C3040　　キク判変；322p　　定価：本体4,660円（税別）

積雪寒冷地帯の環境を知ることは、水文学・水資源を研究する者にとっては重要な課題となっている。特に、ここ最近の気象の異変が各地で大きな問題となっているが、その要因となるメカニズムの解明には、まだ多くの課題の研究が必要となっている。本書のテーマも、そのメカニズムの一端を知る上で重要なファクターといえる。

作庭のプロセス［補訂版］–自然風景に学ぶ実践的造園講座　　信太秀夫著
ISBN4-7972-2701-x C3076　　B5判 212p　　定価：本体3,700円（税別）

長年にわたる庭造りの経験を数多くの実際的資料を公開して、系統立てて解説した造園実務者の実践講座。

ランドスケープアーキテクトが技術士になる方法　　和田淳著
ISBN4-7972-2706-6 C2061　　A5判；152p　　定価：本体2,500円（税別）

ジンベエザメの命　メダカの命　　吉田啓正著
ISBN4-7972-2547-5 C3040　　A5判；210p　　定価：本体1,800円（税別）

躍動するイワシの群、ヒラメの眼の輝き、ハオリムシの不思議な生態、ジンベエザメの死…。神戸と鹿児島、二つの人気大型水族館づくりに携わり館長を歴任した著者が自らの体験を交えて、「生き物が生きていること」への出会いと感動、そして、これからの動物園・水族館がなくなってしまう…。そんなときがくるのだろうか？

都市河川の総合親水計画　　土屋十圀著
ISBN4-7972-2523-5 C3051　　A5判変型；248p　　定価：本体2,900円（税別）

従来、都市河川は雨水等による洪水や浸水など災害から市民生活を守るといった治水面が重視されてきた感がある。そのため可道や護岸がコンクリート化されたり、道路にするため暗渠化されるなど、どちらかというと人を遠ざけるような無機質な構造で、単に海までの流水路となってしまった。本書では、川が本来持っている自然的な機能、雑路の中での潤いのある水辺空間の創造を加味した親水の総合的な考え方、これからの都市河川の在り方について、多くの事例から検証して解説した。

輝く海・水辺のいかし方　　廣崎芳次著
ISBN4-7972-2539-4 C345　　A5判変型；156p　　定価：本体1,800円（税別）

インフラ整備の下、各地で自然を犠牲に数多くの開発が行われてきた。その結果多くの種が絶滅または絶滅の危機に瀕している。この現状を目の当たりにして、江ノ島水族館館長の職を擲って、コストをかけて開発・整備するよりも自然を守り生き物を育てて得られる利益の方が遙かに多いのだと各地で提唱してきた。本書ではその活動について、まず生物の誕生・進化から生態・生息環境について易しく説明し、地域での具体的活動の事例をまじえて解説した。

Physical and Chemical Processes of Soil Related to Paddy Drainage　　丸山利輔・K.K.タンジ著
ISBN4-7972-2520-3 C3061　B5判 230p　　定価：本体5,340円（税別）

Advanced Paddy Field Engineering　　農業土木学会編
ISBN4-7972-2521-1 C3061　B5判 400p　　定価：本体10,000円（税別）

【近刊案内】　沼田　眞著作集（全20～25巻予定）　　－平成12春刊行計画発表－

最寄りの書店　/　生協で取り扱っています。

発売元：大学図書　／東大正門前　（株）信山社サイテック
〒113-0033　東京都文京区本郷6-2-10　Tel.03(3818)1084 / Fax.03(3818)8530

目　次

はじめに ··· iii

序 ··· 1

田園地域におけるレクリエーション ································· 7
- 1. 田園地域に対する責任 ··· 8
  - 【未来像（ビジョン）】 ·· 9
  - 【田園地域としての原則】 ······································ 11
- 2. 国立公園 ·· 13
- 3. 田園地域におけるスポーツと動的レクリエーション ········ 15
- 4. レクリエーション活動 ·· 18

農業と環境保全 ·· 25
- 1. 1970年代以降の田園地域に起こった変化の兆候 ············ 28
- 2. 生　垣 ··· 32
- 3. ヒースランド ·· 34
- 4. ヒースランドの分断と孤立化 ··································· 34
- 5. ビオトープとパッチ状の生息地 ································· 35
- 6. 野生生物のコリドー（回廊） ··································· 37
- 7. 休耕地政策 ··· 39
- 8. 最近の農業環境政策 ··· 42
  - 【新荒蕪地計画（NEW MOORLAND SCHEME）】 ············ 42

【新生息地計画 (NEW HABITAT SCHEME)】 …………………………………… 42
　　　【有機栽培補助計画 (ORGANIC AID SCHEME)】 …………………………… 43
　　　【農耕地補償 (ARABLE-AREA PAYMENT)：1993〜94】 …………………… 43
　　　【硝酸塩計画の改正 (NITRATE SCHEME AMENDED)】 ……………………… 44

自然保護とボランティア活動 ……………………………………………………… 47
　1. 英国における環境保全活動の歴史 ………………………………………… 47
　　　【野生生物の保護】 ………………………………………………………… 47
　　　【野生生物保護に関する法律的手段】 …………………………………… 51
　2. 環境の変化と野生生物 ……………………………………………………… 52
　3. ナチュラリスト・トラストまたは野生生物トラスト ……………………… 53
　4. 教育活動 ……………………………………………………………………… 55
　5. その他のボランティア団体 ………………………………………………… 56

森林の管理と野生生物 …………………………………………………………… 59
　1. 古い森林 (Ancient Woodland) 管理の歴史 ……………………………… 59
　2. 低木林 (Underwood) の管理 ……………………………………………… 60
　3. 木材用高木の管理 …………………………………………………………… 62
　4. 中世の森のようす …………………………………………………………… 63
　5. 古い森林の動植物相とその保護 …………………………………………… 65

野生生物保護のための草地管理 ………………………………………………… 71
　1. 草地植物の一般的な性質 …………………………………………………… 73
　　　【葉の頻繁な除去への適応】 ……………………………………………… 74
　　　【多年生とその寿命】 ……………………………………………………… 75
　　　【フェノロジー（生物季節）】 …………………………………………… 76
　2. 放牧による植生管理 ………………………………………………………… 78
　　　【放牧地の葉の減少】 ……………………………………………………… 78

【動物の踏圧と家畜の排泄物による影響】 ································ 81
　　　【放牧のシステム】 ·· 82
　　3. 刈り取りによる管理 ·· 83

自然保護区の植生管理 ·· 85
　　1. 管理計画 ·· 86
　　2. 管理目標 ·· 87
　　3. 管理上の問題点 ·· 88
　　4. ヒースランド管理 ·· 94

種の保護と「種回復計画」 ·· 101
　　1. 監　　視 ·· 102
　　2. 国際条約 ·· 103
　　3. 種回復計画 ·· 103
　　4. プロジェクトと種の選定基準 ·· 105
　　　【1992年および93年の研究に選ばれた種】 ································ 106
　　5. 種の回復計画事例（1） ·· 107
　　　【来歴と状態】 ·· 108
　　　【種子の生産】 ·· 109
　　6. 種の回復計画事例（2） ·· 111
　　　【生育地の必要条件】 ·· 112
　　　【種子の散布と発芽】 ·· 114

ワイルドフラワーの草地造成と生態学的管理 ·· 117
　　1. 多様な草地づくりのための有効な方法 ······································ 118
　　2. 種子による方法 ·· 119
　　3. モンクスウッド試験場での実験 ·· 122

 4. ワイルドフラワー造成のための干し草俵の使用 ……………… 123
 5. スロット・シーディング …………………………………………… 124
 6. ポット苗の移植 ……………………………………………………… 126
 7. 修景的に利用された例 …………………………………………… 127
 8. ハビタット移植 ……………………………………………………… 131

【追　録】……………………………………………………………………… 135
ランのエコロジーと集団生物学 ………………………………………… 135
 1. ランのライフサイクル …………………………………………… 136
 2. ラン群落の研究 ……………………………………………………… 138
  【Musk Orchid (Herminium monorchis) の例】……………………… 138

用語解説 ……………………………………………………………………… 147
参考図書 ……………………………………………………………………… 154
索　引 ………………………………………………………………………… 155

序

　ウェルズ博士は専門とする生態学的視点から、英国田園地域の環境的資源の保全と活用に当って派生するさまざまな課題を分析し、その解決の手法や今後の展望などについて語って頂いた。特に、「森林の管理と野生生物」以下がそれに該当する。

　そこで、その前提として、あるいはその背景として、英国の田園地域の一般的特性や英国民の原風景としての田園地域の農業とその変貌、さらに、環境保全上からの制度的対応、田園地域の保全や管理にかかわるボランティアセクターの役割や動向などについては、「田園地域におけるレクリエーション」から「自然保護とボランティア活動」までに一般論として手短に述べられている。そこで、講義内容の理解を一層深めるため、蛇足のきらいがあるかもしれないが、若干の補足的解説を加えることにした。

　なお、巻末に訳者の判断で附した「用語解説」も併せて参考にしていただければ幸いである。

土地利用について

　英国の田園地域も、かつては原生林でおおわれていたといわれる。しかし、今その姿はない。現在、国土に占める森林はわずか10％に過ぎず、大部分は農業的土地利用に変えられてしまっているからだ。つまり、耕地が10％、草地と原野がそれぞれ30％である。日本の土地利用構成 ― 森林67％、耕地15％、草地2％―とは著しく異なる。一方は、全国的に地形がゆるやかで、農業的、牧野的開発を促し、他方は地形急峻で農業的利用を拒んできたからである（森の民といわれるドイツですら森林は28％、山の多いスイスでも26％であるから、日本の高い森林率は、先進諸国の中では例外的なのかも

しれない）。

　したがって、英国の田園地域の典型的なイメージはといわれると、なだらかに起伏する緑の草地が見渡す限り続き、その間に、小さな林や木立が点在しているか、耕地や草地の境界を区切っている生垣や石垣や列植樹が縦横に走っている風景ということになろう。英国の人々にとって、その草地型の風景こそ、いかにも英国らしい原風景とみて、それに対する愛着はひときわ強いように見受けられる。

　一方、ヨーロッパの中でももっとも低い森林率をもつ英国は、森林の保全にかける思い入れが特に深いことも注目しておく必要があろう。もちろん、それは広葉樹林と低林の雑木林のほうであって、生態的に貧相な針葉樹林に対する風当りは強い（ちなみに、1982年のセンサスでは、針葉樹林62％に対し、広葉樹林27％、低林はわずか2％に過ぎない）。したがって、現在の植林方針は、高地の針葉樹種から低地の広葉樹種へと転換している。

　なお英国では、面としての林地のほかに、点としての樹木そのものもセンサスの対象に加えていることは、個々の樹木が環境保全上、あるいは風土景観上に果たしている価値を高く評価しているためであろう。その数は、全国で8,800万本に達している。参考までにその内訳を紹介すると、単木型1,800万本、寄植型3,260万本、列植型3,720万本となっており、特に地形の変化のおだやかな平地の多いイングランドに高密度に分布し、その風景に欠かせない要素となっている。

田園地域の変化について

　少なくとも、第2次世界大戦前までは比較的安定的であったとみられる伝統的な田園風景は、第2次大戦後、急激に変わりはじめた。政府は食料の自給率を向上させるため、もっぱら生産力重視の農業政策をとったからだ。

　トラクターなどの大型農業機械の使用効率をあげるため、耕地などの圃場の大きさの拡大を推進した。そのため、圃場を取り囲んでいた古くからの生

垣や列植樹を伐採撤去した。これは、単に風景を単調化しただけでなく、田園地域の生態的多様性をも根こそぎにした。

さらに、近代的土木技術を駆使した排水事業によって、湿地などの耕地化をすすめた。農薬や化学肥料の大量使用によって、美しい野生草花の咲き乱れる草地生態系や路傍生態系を貧化させ、多様な野生生物のハビタットを衰退させ、あるいは激減させてしまった。

このようなドラスティックな変化について、カラー写真を用いて、過去と現在を視覚的に対置させて解説した図書がドイツの出版社から出ている。20年ないし30年くらいの間をおいて、全く同じ視点から撮った写真を並列させて、その景観的変化—というより悪化—の要因を探っている。対象は森林、草原、ヒース地、砂丘、ブドウ園、生垣、樹木、路傍、村落、河川、湖沼など、田園自然地域のすべてに及んでいる。変わったのは英国だけでないことがよく判る。参考までに書名を挙げておく。

A. Ringler (1987) : Gefährdete Landschaft–Lebensraume auf der Roten Liste–, BLV Verlagsgesellschaft, München.

保全と活用のための制度について

英国の田園地域は、農業生産のための場であるだけでなく、英国民の自然的レクリエーションのための重要な舞台でもある。特に第2次大戦後は、田園地域のレクリエーション的役割が飛躍的に増大した。しかし、そのための政策と制度は、時間の推移とともに、少しずつ変わってきていることに注目する必要がある。

その基本法である通称「国立公園法」（National Parks and Access to the Countryside Act）は、第2次大戦後間もなく、すなわち1949年に制定されたが、1968年には「田園地域法」（Countryside Act）となり、さらに1981年には「野生生物・田園地域法」（Wildlife and Countryside Act）に改正されていることからも、その変化を読み取ることができる。

人口の集中する大都市地域から、はるか遠隔の地域にある国立公園中心の保全と活用の政策は、20年後の1968年法によって田園地域全般に拡大された。さらに田園公園（Country Park）制度が導入され、特に大都市周辺地域を中心に数多くの田園公園が設置されるようになった。制度を運営する組織の名称が、国立公園委員会から田園委員会に変更されたのもこの時である。

　田園公園設置の当初の趣旨は2つあった。ひとつは、あまり遠出しなくても、身近な自然環境で手軽に心身をリフレッシュできる拠点となること、もうひとつは、それによって国立公園などの優れた資源への利用者の過度の集中を軽減することであった。その意味で、田園公園はHoney pot（蜂蜜のポット）に擬せられたけれども、今日の田園公園は、自然公園と都市公園の中間型公園として、独自の機能を発揮していると解釈されよう。

　その後、自然保護運動の高揚に応えて、田園地域の野生生物の保全を図ることを目的とする1981年法が、サッチャー政権の下で成立した。これは、自然環境や野生生物へのインパクトの大きい農業的開発を極力抑制しようとするものであったため、農業団体の激しい抵抗にあって、環境保全を望む多くの市民の期待に十分応えるまでには至らなかった。幸いにしてというべきかどうかは、ためらいがあるが、英国ではNGOの市民団体の自然保護活動が、日本とは比較にならないほど著しく活発である。そのことは、例えば1972年、ストックホルムで開かれた第1回国連環境会議に英国政府が提出したレポート「5,000万人のボランティア」を一瞥しただけでもわかる。

　これらのさまざまなボランティア団体によって所得され、管理されている自然保護地は多彩であり、膨大な数と面積に達している。例を若干あげてみよう。英国鳥類保護協会は100ヶ所以上、面積にして5万ha（大阪市の2倍以上）の保護区を、各県の自然保護トラストは1,300ヶ所、4.4万haを所有している。1972年に設立して20年そこそこの森林トラスト（Woodland Trust）ですら、すでに400か所以上の森林を所得している。

田園地域の管理について

　前にも触れたように、英国の典型的風景を支えている要素のひとつに生垣があるが、その生産上・生活上の役割を失ってしまった現在、農家にとっては無用の長物と化しているため、急速にその姿を消しつつある。しかし、森林の少ない英国では、生垣が森林の代替的機能を果たしているので、その生態的価値が、その風景的価値とともに高く評価され、その保全が大きな課題とされている。

　一方、田園風景の主体を成す草地は、放牧などのインパクトから解放されると容易に遷移が進み、森林化が起る。このような現象は、自然保護地、田園公園、ナショナルトラスト所有地などにおいても、多かれ少なかれ現れている。また、問題の遷移は、単に草地だけで起っているわけではない。日本でもそうなのだが、定期的な伐採によって維持されてきたcoppice（雑木林）などでも起きている。

　これらの管理のメリットが失われたいま、何百年にもわたって管理を担ってきた農業従事者に代わって、ボランティア団体が大きな役割を果たすことになる。それらの田園的自然の生態的管理作業――生垣の造成や刈り込みとか、草地のワラビ除去とか、雑木林の手入れなど――は、多くの地域市民が参加しているが、全国的な組織体制をとって管理を受託し、コーディネートしているのがBTCV (British Trust for Conservation Volunteers) である。

　この団体は1959年に設立され、会員登録数は9.5万人を擁し、その年間作業累計は49万人/日に達するから、田園地域の管理にかかわるBTCVの力量には目をみはらせるものがあり、BTCVへの期待はきわめて大きい。

　わが国においても、高度経済成長の下、各地で多くの自然が失われてきた。そして、自然環境の保全・保護活動も活発になっているものの、土地利用等に関する法律制度の整備とともに、市民レベルでのボランティア意識の向上も大きな課題と思われる。

田園地域におけるレクリエーション

RECREATION IN THE COUNTRYSIDE

　英国における田園地域は英国の偉大な資産であり、その位置づけは、国民の生活にとって非常に重要なものであり、かつ英国の偉大なる資産でもある。近代農業が発展したおかげで、食料の大部分を英国内でまかなうことができ、材木や鉱物資源、水、その他のさまざまな恵みを与えてくれた田園地域であった。それは、文化を育んできた歴史にも秘められているように、そして野生動物のすみ家としても大切なものとして引き継がれてきた。

　この一帯には、およそ1千万人の人々が住んでいて、あとの5千万弱の人々が大都市圏に住んでいる。また、この田園地域には英国内から年間に4千万人、そして海外からも約1千万人もの人々が訪れる。

　英国、そしてヨーロッパ全体においては、これら田園地域にも都市化の波が押し寄せ、今後はどのように変貌していくのか全く不確定な状況となっている。これら変化によって生じる問題点として、次のようなことが考えられている。

① 　『CAP（一般農業政策）』の改正や『GATT（関税と貿易に関する一般協定）』の再交渉によって、農業生産物の値段が下がり農家の収入が減る。

② 　集約栽培がさらに進むことによって、現在、作物の生産に使われている農地のかなりの部分が不要になる。

③ 　田園地域の人口が増加し、その社会構造が徐々に変わっ

てくる。

④　新しい道路ができて、交通量が増えるなどの開発による圧力（環境負荷）により、田園の美しさ、そして野生動物の重要性や歴史的価値までもが脅かされる。

⑤　農地や河川、湖、海岸等の自然環境が悪化することにより、自然地域や田園地域の美しさや楽しさが損なわれてしまう。

⑥　自然のままに保たれている地域が、人間のさまざまな活動によって浸食される。

⑦　田園地域における新しいレクリエーション活動が求められ、新たな管理方法が必要となってくる。

そしてまた、植生管理や種の保存に関するさまざまな問題に対して、どのように生態学的にアプローチしていくか、といったことについても考えていかなければならない。

1. 田園地域に対する責任

イングランド、ウェールズ、スコットランドの田園地域に関係する組織は数多くある。この中で特に責任のある重要なものとしては、イングランドとウェールズにおいては『Countryside Commission（CC、田園委員会）』〈用語解説参照〉、スコットランドでは『自然遺産および国立公園公社』があげられる。

1940年代に、農業や都市・地方計画、国立公園、自然保護地区、そしてパブリック・アクセスに関する法令が今の田園地域政策の基礎となっていた。しかしながら、これらの法令は環境保全の拠り所として機能していたのだが、保護する

対象を特定の地域に限定したものであり、1990年代に入って、このような制度の限界が徐々に見えてきた。

そこで、このような周辺状況の変化に対応するために、カントリーサイド・コミッションは1991年4月に報告書を提出した。そのタイトルは、『田園地域のための協議事項』となっていた。そして、その後他のさまざまな組織から寄せられた批評や陳述を取り入れて、同年、『田園地域の保護――90年代のイングランドにおける政策の協議事項』として改訂版が出された。そこでは、カントリーサイド・コミッションが考える主要なプログラムが、今世紀末までに採用されるべきであると述べられている。それは2つの見出し、すなわち「未来像」と「原則」のもとに述べられているので、それらについて解説してみることにする。

【未来像（ビジョン）】

① 環境的に健全な田園地域

基本となる田園地域の資源、すなわち土地、空気、水、さまざまな生物種とその生息地等を、現代のそして次世代の人々が利用したり楽しんだりできるように保護することが必要で、それには、自然の生産システムを守っていかなければならない。

② 美しい田園地域の未来像

イングランドの大部分はまだ破壊が進んでおらず、多くの緑で覆われていて、特に美しい景観を呈している。この美しい景観を維持していかねばならず、破壊されているところは復元する必要がある。また、建物についても過去何世紀にも

わたってその地域の風景にとけ込み、美しさをひきたてるために貢献してきた。今後も新しい建物を建てる際には、場所やデザインについても注意深く検討する必要がある。

③　多様性をもった田園地域

多様な形態を兼ね備えた田園地域は、より一層美しいものである。地質、地形、自然の植生、地方によって異なる生活スタイル、農作業、地域の伝統、場所の意味、そういったものすべてが貴重な多様性をつくり出しているのである。そして、その多様性は未来の田園地域へと受け継がれていくべきものなのである。

④　田園地域へのアクセス

人々は田園地域を散策したり、そこで乗馬やピクニック

写真―1　スペインのエル・ブルゴ付近のヒナゲシの野原．
　　　　ツーリストにとって魅力ある風景．

をして遊ぶことにより、いろいろなことを体験して学ぶ機会を必要としている。それが人々を生き生きとさせ、その生活の質を高めることにつながってくるのだと思われる。田園地域にアクセスできるということは、地主にとっても、訪れる人にとっても同等に権利と責任を伴うので、田園地域を楽しむためには正確でわかりやすい情報が必要となってくる。

⑤ 田園地域の繁栄

　農村共同体は共に成長し、繁栄することが可能でなければならない。すなわち、人々が楽しむために質の高い環境を提供し、必要なものを供給できることが要求される。もし、健全な財政的基盤というものがなければ、これらの要求を満たすことは不可能であろう。

【田園地域としての原則】

　景観や野生生物、考古学的なものといった環境資源の保全は、経済的・社会的活動の中において、絶対不可欠なものして位置づけられなければならない。これらは経済的・社会的活動にとって余分なものしてとらえたり、それらに対して単に釣り合いをとらせるためのものといった考えは危険なことである。それは持続的発展の理念の具体的な表現なのである。二度と復元できないような自然環境を保護することが、田園地域における他の利用目的と両立し得ない状況にある場合には、これら環境資源は最優先されなければならない。

　田園地域というのは、トータルとしてとらえられるべきもので、特定の景観や生物といった個々の問題としてでなく、

その構成している全てを考えなければならない。また、保全というのは創造的でなければならず、過去の最も良いものを保存するだけでなく、復元したり、新しくつくり出したりすることも追求していくべきであろう。

そこで、その生息環境をつくることについては、農業に従事する人達や田園の土地を所有する人達が重要な役割を担ってくる。彼らが田園地域の土地の大部分を管理しているからで、英国の場合は国有地が少なく、ほとんどの土地は個人所有のものなので、農家や地主といった人達の役割が重要になってくる。

田園地域はみんなが楽しめるところで、言い換えれば、誰もが利用できるトイレや休憩所といった設備が整っていることが大事である。そして、都市に住む人々に対しては、田園地域の生活や役割について十分な情報が提供される必要がある。ただ、利用者の要求は、ある程度制限されるべきだと考える。要求を満たすことで、どのような結果が生ずるかを全く考えていないような要望に応じていくよりは、むしろ逆にそれらの要求 ― エネルギーや、生活する場所、道路用地、水、レクリエーションといったもの ― を制限した方がよく、田園地域の環境を守っていくためには、それなりの制約が必要となる。さらには、一地域のこととしてでなく、地球的規模でとらえる必要があるだろう。

そして最後に、これが最も重要なことなのだが、われわれは次世代に対して責任をもたねばならないということである。今日の田園地域は明日の環境資源に対する投資とも言え、われわれ子孫の生活環境をより豊かにしていくことにつながっていくのである。

2. 国立公園

イングランドとウェールズには11ヶ所の National Parks (NP、国立公園)〈用語解説参照〉があり、総面積は13,936 km^{2}に及んでいる。これらの国立公園は際だって風光明媚な地域にあり、そこで落ち着いて静かに楽しんだり、田園地域を理解したりするために設立されたのである。国立公園に属する土地の大部分は個人所有のものだが、それらは公園当局によって取り決められた制約条件のもとで農場や牧場となっていたり、いろいろな形態で管理されている。公園の美しさや特徴を維持・増進することを常に目的としていて、公園内の開発については厳しく制約されているのは当然である。

国立公園を訪れるさまざまな世代の人々はその魅力を認識しており、その美しさを満喫することにレクリエーションを求めている。国立公園で楽しむことは国民の権利でもあるが、そのようなレクリエーションは両刃の剣であり、公園そのものが傷つけられてしまっては困ることになる。多くの人が公園を訪れ、さまざまなレクリエーション活動をすることと、

写真—2 国立公園を訪れる、ツーリスト達。ウォーキングは人気のあるレクリエーションである.

写真—3 原生的な風景も、ウォーキングの魅力の一つ
（スコットランドのグレン・ドル）

写真—4 車でやってくる人々のためのキャンプサイト
（スコットランドのセント・ビーズ・ヘッドにて）

国立公園の第一目的である環境保護とを両立させていかなければならない。

　総体的な傾向として、公園を訪れる人々の数は1950年代から60年代にかけて急速な伸びを示し、70年代にピークを迎え、いったん横ばい状態になったが、80年代の終わり頃にまた利用者が急激に増加してきた。最新の情報によると、1991年度には国立公園全体で延べ1億3千万人が利用している。特に利用者の多いのは、イングランド北部の「湖水地方」と「ノース・ヨーク・ムーア」、やや南下して「ピーク地方」、そして、ウェールズ西南部の「ペンブロークシャー海岸」といったところである。

3. 田園地域におけるスポーツと動的レクリエーション

　英国は多くのスポーツやゲームのルールを考案し、集成したりしてきた。そして今では、世界中で取り入れられている。英国では、今日多くの人々がスポーツや野外でのレクリエーションに参加しており、重要な産業の一つとなっている。約50万人の人々がスポーツ関連の仕事に従事していて、年間97億5千万ポンドがスポーツ関連に支出されていると推定されている。

　先にも述べたが、イングランドとウェールズについては『田園委員会』、スコットランドにおいては、『自然遺産および国立公園公社』が田園地域における自然の美しさや快適さの保全や向上にかかわっているが、野外レクリエーションのための施設づくりや改良なども行っている。

写真—5　ワイ川沿いでの自由なキャンプ

写真—6　歴史探訪も旅の魅力の一つ．そのために宿泊や駐車場などの便が必要
　　　　（ケンブリッジシャーのエライ聖堂）

また、『田園委員会』では、人々が田園地域でより楽しく過ごせるよう取り組みを始めた。それらは『Right of Way（通行権）』〈用語解説参照〉を維持し、公共歩道（パブリック・フットパス）をつくり、標識を立てて長距離を安全に徒歩旅行するための、また乗馬によって騎行するためのナショナル・トレールを開発することに焦点をあてている。

　田園地域の自治体は、これまで地域内にみんなが楽しめるような施設をつくってきた。これらの自治体は施設を運営・管理すると同時に、地方自治体や民間団体がカントリーパークやピクニックサイト、インフォーマルなレクリエーション施設をつくる。その助成も『田園委員会』が行ってきた。カントリー・パークは街に住む人々が利用するためにつくられたもので、国内に200カ所位あり、地域のボランティア団体によって管理されている。

　その他の機関のひとつとして重要なものに『英国水路公団』がある。これは公営の組織で、グレート・ブリテン島にある運河（水路）の大部分を管理している。川や運河、貯水池などの水辺で楽しむレジャーやレクリエーションは数多くあり、釣り、ヨットやボート、バードウォッチング、散歩などがある。また、鉱・工業の跡地といった産業考古学博物館も周辺には存在し見学者が多い。

4. レクリエーション活動

英国でのレクリエーション活動について例をあげて、その問題点と併せて解説する。

① 釣り

釣りは田園地域でのスポーツとして最も人気のあるもののひとつで、英国では、毎週釣りに出かけ人が4万人位いる。特に、工場に勤める人達の間で人気が高い。

小さな川で雑魚を釣るのは、食べるのが目的ではなく、釣り自体を楽しむということで、大きな川ではサケやマスを釣って食べることもある。かつて、砂利の採掘場として使われていたような場所に水が溜まって、格好の釣り場となっているところもある。

ただ、釣り人の中には環境に対して悪影響を与えている人もいる。彼らの残したゴミやナイロン製の釣り糸が、他の野生生物、たとえば鳥などにからみつき、死に追いやってしまうことが増えてきた。また、水鳥たちが鉛のおもりを餌と間違って食べて、その毒性で死んでしまうなどの問題が生じてきた。最近では鉛に代わる別の材質のものが使われるようになってきているという。道具の改良も当然だが、それ以前のルールとマナーの問題でもある。

② サイクリング

自転車旅行のクラブがあり、4万人の会員を擁している。多くの貯水池では自転車を借りることができ、なかでもペーター・ボロー（ロンドン北方120km）やミルトン・キーネス（ロンドンとバーミンガムのほぼ中間）のようなニュー

タウンでは自転車道のネットワークが完備している。
③　乗　馬

人気の高いスポーツとして乗馬がある。英国乗馬協会には5万7千人のメンバーがおり、特に女性の間で人気があって、各地で競技会など開いている。

④　フィールド・スポーツ

狩猟、銃猟、釣り、鷹狩り、うさぎ狩り、キツネ狩りなどがあり、英国では非常に一般的なスポーツである。しかし、これらの血なまぐさいスポーツに対して、動物愛護団体等の反対意見が多くなってきた。特に、若年層において反対意見が多く出ている。

⑤　ゴルフ

一般的なスポーツとしてゴルフがある。日本でもゴルフ人口は多く、世界的なスポーツでもある。ご存じのように、ゴルフはスコットランドが発祥地で、この地では何世紀もの間、王室の伝統的なゲームとしての地位を保ってきた。

英国内には現在約1,900ものゴルフコースがあり、余暇時間が増加するにつれてその数も増えつつある。ただ、このゴルフ場の一帯は、野生生物にとっても重要なものになっている。そこで、多くのゴルフコースでは管理計画の中に自然保護を取り入れるようになってきた。

⑥　競　馬

また、別な楽しみ方としては競馬がある。競馬は大変人気があり、多くの競馬用のコースが各地にある。これらは全体として外界から保護されていて、競馬場としての草地管理が野生生物にとって都合の良いものであり、『Site of Special Scientific Interest (SSSI、科学的重要地区)』〈用語解

説参照〉に指定された場所をもっているコースもある。たとえば、ブランプトンやニューマーケットが有名である。
⑦　自動車・オートバイレース
　ゴーカートなども人気があるのだが、総体的に見て環境にとっては有害なものと言えよう。騒音が激しく、野生生物の生息地を傷めたりもする。
⑧　登　山
　登山も非常に人気を得ている。ロッククライミングをする人が約10万人、ヒル・ウォーカー、すなわちそれより少し緩やかなところを登山する人が70万人位いる。彼らを統括する団体として『英国山岳会』という組織がある。
　ロッククライミングの格好の名所となっているような所では、大勢の人が利用することによって自生の植生が破壊されるといった問題がある。ロッククライミングの場所と

写真—7　適正容量を越えるビジターの踏圧で破壊された植生
　　　　（クレント・ヒルズ田園公園）

写真—8 水際に発生した浸食．年間50万人以上が訪れる．
（ブラッドゲート田園公園）

写真—9 クルーザーも人気がある．一方でナチュラリストが植生を調べている．
（クィーズ川）

して人気の高いのはピーク・ディストリクト、湖水地域、およびスコットランドや南西イングランドのハイランドといったところがある。フットパス（通行権のある歩道；National Trail（NT、ナショナルトレール）〈用語解説参照〉も含む）を歩くのも人気のある楽しみ方となっている。

高原のようなところは、毎週何千人もの人々が訪れることにより、斜面が崩れたりするというような問題も起こっている。そこで、大勢の人々が歩くことで自然環境が直接破壊されることに対して、どう対処するかといった研究が盛んに行われている。

⑨ 水上スポーツ

ボートやヨットも大衆化したスポーツになってきた。ヨットは国内に約1,500のクラブがあり、7万人の会員を抱えている。水上スキーも最近ではポピュラーになってきているのだが、かつて砂利の採取場だったところを自然回復した場所でも行われている。

このようなレクリエーション活動は、環境に悪い影響を与えることが多いので、特定の地域に限定することも必要である。

以上が英国での主なレクリエーション活動であるが、その他に前述のようにバードウォッチングもきわめて人気が高い。双眼鏡で観察したり景色の写真を撮ったりするなど、愛好者も増え続け大変ポピュラーになっている。冬には多くの白鳥たちが飛来してきて、筆者も毎年電話でその情報を得て出かけるのが恒例となっている。

しかし、大勢の人が見物に来ると、休んでいる鳥達も落ち

着いて羽を休むことができないようだ。なお、鳥の調査についても標識をつけるなど、保護のための生態の研究も進められている。

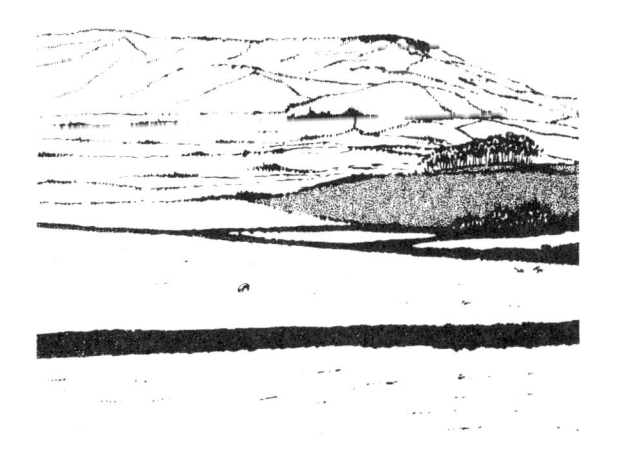

農業と環境保全

CONSERVATION AND AGRICULTURE : CONFLICT AND COMPROMISE

　かつて、現代の農法・農業技術がアメニティや野生生物の存続と相容れないものがあるのではないかという議論が激しく闘わされたことがあったが、いまではそれほどでもなくなってきた。しかし、程度の差はあるにせよ、結論が出たわけでなく、そのような議論はまだ残されている。最近では、議論の焦点が、いかにしてその対立を解決していくかといったことに移ってきている。このような対立についての取り組みとして、次のようなことがあげられる。

　①農業について、財政的支援を受けるというだけでなく、もっと確固たる地位を要求していくということである。②農水産食糧省は、今までは食糧の増産一辺倒であったわけだが、そこからもっと視野を広げ、幅広い政策を展開していく必要がある。③田園地域の環境保全についての目標を定め、明快で一貫性のあるものにしていくこと。

　これら問題を解決するにあたっては、農業が野生生物に対してどのような影響を与えているのかについての情報が必要であり、これがまだ不十分で部分的なものの寄せ集めといった状態にあるのが現状である。

　農家の人たちは、英国内の農業地域（非都市地域）の85％以上を管理している。そして、その土地を開発もしくは改良しながら使用することによって維持しているのである。彼らはこれまでずっと、国が目標とする食糧自給率の向上に応え

るべく、土地の開発・改良を行ってきた。そのことが農業経営の能率を高めるためにも、土地改良が必要だったわけである。ただ、このような政策が見直されるようになったのは、ここ10年位のことで、ヨーロッパ共同体において食糧生産が過剰になってきたからであった。『CAP（一般農業政策）』によって、その見直しが行われている。

　ここにきて、なぜこの議論が広く論じられるようになったのかを考えてみることには意味があると思う。結局のところ、現在の農業政策は新しいものではなく、農業政策担当の官僚たちは、長年にわたって生産物や利益の増大ばかりを探求し、そして農政についても、それに沿って重点が置かれてきたのであろう。

　農業地域の景観というのは、少しずつ変わってきている。耕地の間の生け垣が取り除かれ、耕地一枚当たりの面積が大きくなった。そして、いろいろなワイルドフラワーが生えていた牧草地が耕地化され、さらに化学肥料が使われるようになった。

　この変化はすべての田園地域に一様に起こったわけではないが、その最もはっきりとした変化はイングランド東部の県にみられる。この一帯は畑作物に非常に適した気候で、収穫量を増すために作付面積が広げられ、生け垣が取り払われてしまったのである。それで景観が変貌してしまったのである。

　今、筆者が勤めている『NC（自然保護局）』所属のモンクスウッド試験場は、1961年にこの地域に設立され、その地域での自然に関する一般的な関心に注目して研究してきた。人々が、自然環境についての問題点に対して関心を持つのが

遅れるのは、学術的な研究や生態学的調査の成果が人々の間に広まるのに時間的なずれがあり、そして一般の人たちの意見が湧き上がってはじめて、政治上の議題にのぼるからである。ただ、政府の方で問題の重要性をしぶしぶながらも認めたとしても、直接に指導権のある『MAFF（農水食糧省）』の方では、あまり理解していないといったこともある。このような理由で、1960年代の農業で何が起こっていたのかが、1970年代になるまで明らかにならなかった。

　1970年代に起こった議論というのは、野生生物はその保護の目的であっても、決められた土地だけでは生存できないということであった。そこで、「より広い田園地域」（the wider countryside）という言葉がつくり出された。それは、野生生物の生存が農地と農地以外の土地との組み合わせに依存しているということで、その保全のための積極的手段は、より広い地域で採られるべきであるということであった。

　『NNR（国立自然保護地）』と『SSSI（科学的重要地区）』は、国土の7％にも満たないだけでなく、十分に保護されてきたとはいえなかった。さらに、田園地域の残りの地域においても、野生生物の生息地が全般的に減ってきていた。その結果、種の消失が一層起こりやすくなりつつあり、さらにもっと重要なことは、自然保護運動における重点の置き方に変化が現れてきたことにあった。つまり、自然保護地区における特定の生物の種に対する科学的な関心から、次第に生息地全体としての保全へ、そして人間にとってのアメニティを全般的に保全する方向へと変わってきた。

1. 1970年代以降の田園地域に起こった変化の兆候

　1970年代以降、英国の風景の変化について書かれた莫大な数の文献が出版されてきた。これらの研究は、小さな対象地から人工衛星のデータを使った国家的規模の研究までいろいろある。

　それらは『Nature Conservancy Council（NCC、自然保護委員会）〈用語解説参照〉：現在、EN；English Nature／英国の自然』のような公的な団体によるものから、ボランティア団体（たとえば、各県の野生生物トラストなど）、大学の研究機関、特に最近のものとしては『ITE（Institute of Terrestrial Ecology；国立陸上生態研究所）』による、一定の間隔で繰り返し行われる統計学的に厳密な調査がある。このことは実際に、永続して調査を行うサンプリング地（コドラート）を設定することにつながり、それらのコドラートから将来に起こる変化を予測していくことになる。

　このような研究のすべてから、以下のようなことが明らかになった。それは、さまざまの農業改良 ― 耕作地化、農薬散布、化学肥料の投入、排水など ― の結果として、野生生物の生息地が大量に消失した。そして、農業生産物が過剰となり、その多くがヨーロッパでは歓迎されていないにもかかわらず、依然として生息地の減少が続いている。生息地消失に関する最近の推定によると、低地域の採草地は1950年代以降、その95％を失い、かつ、ヒース地帯のような生息地も全地域で60％が減少してしまった。

　表―1にこのような情報を集めてまとめてみた。すべての

主要な半自然型生息地が、相当量減少してしまったことがこの表からわかる。ヒース地や草地の詳しい研究によると、長い目でみて重大な結果を招くかもしれないと思われる、生息地の断片化が起こりつつあると指摘されている。しかし、生息地の絶対的消失を示す数字からは、断片的に残っている生

表—1 農業開発による野生生物生息地(ハビタット)の消失

生息地のタイプ	場　　　所	消　失(%)	時　　期
放牧地	Devon	35	1905〜1977
	South Scotland	35	1946〜1973
	Powys	7	1971〜1977
湿生型(氾らん原)採草地	Oxfordshire	16	1978〜1980
白堊質ダウン	Dorset	72	1815〜1980
	Dorset	37	1967〜1980
	Wiltshire	47	1937〜1971
	Hampshire	20	1966〜1980
	Sussex	20	1966〜1980
	Isle of Wight	17½	1966〜1980
ヒースランド	*Dorset	85	1750〜1978
	Dorset	66	1811〜1960
	Dorset	50	1960〜1980
	North Hampshire	19	1966〜1980
	South Scotland	61	1946〜1973
荒蕪地	Dartmoor	20	1945〜1980
	Exmoor	21	1947〜1976
	North Yorkshire Moors	20	1945〜1980
	Powys	7	1971〜1977
湿　地	South Scotland	10	1946〜1973
	*Scotland and North England	87	1850〜1978
古い森林	*Britain	30〜50	1947〜1981
落葉樹林	Suffolk	50	1837〜1970
	Scotland	56	1947〜1980
生　垣	England and Wales	25	1946〜1977
	South Scotland	25	1946〜1973
	Norfolk	45	1946〜1970

＊都市開発および針葉樹植林による消失も含む。

写真—10 耕起されてしまった草地(ウエストモアランド). *Primula ferinosa*(ピンク色のサクラソウの一種)を含む多様な種から成っていたが、今は失われてしまった. (1971年6月)

写真—11 広いフェン地域を農地化するために施された深い排水路により、種の多様性が失われてしまった.

写真—12 除草剤が散布された土手と溝．魚に悪影響を与えるとともに、人体にも害を及ぼした．

写真—13 野焼きは大気汚染のみならず、多くの耕作地の野生植物にも有害となった．世論に押されて、現在は禁止されている．

息地が空間的にどのような分布を示しているか、それに関する重要な事実までも読み取ることはできない。そういった変化とその結果のいくつかについて詳しくみてみよう。

2. 生　垣

　Hedge（生垣）〈用語解説参照〉は千年、あるいはそれ以上昔から英国の農村景観の形成に寄与してきた。それらが縦横に田園地域を縫い合わせてきた。遠くから見ると、その風景の様子と特徴がよく見てとれる。

　それらは、多様な野生生物が生息するための格好の場所を提供していたのである（口絵①参照）。また、生垣の中で見ることのできる植物は、ざっと見積もって英国の植物の約3分の1にもなるる（口絵②参照）。しかしながら、それらは驚くべき割合で消滅しつつあり、イングランドだけでも生垣の約4分の1、長さにして約96,000マイル（約154,000km）の生垣が1985年までの40年間で消滅してしまったのである。さらに詳細な研究によると、1984年から1990年の間に、正味53,000マイル（84,800km）以上の生垣が失われたことがわかった。

　その理由は、農家にとって、もはや生垣は必要ではなくなったということではないだろうか。また、25万あるいはそれ以上の農家の人々にとって、生活そのものがかなり変わってきた。1950年代までは農地は細かく分けられていて、作物用地と放牧用地をローテーションさせる仕組みになっていて、そして生垣は家畜が外に出ないように取り囲んで守る

という役目を担っていたのである。

　しかし、近年、化学肥料の出現に伴い、昔のように輪作をしながら土地を休めることは必要ではなくなってきた。農家の人たちは、家畜を売り（特に東アングリア地方）、大麦や小麦といった耕作に適した作物を単一栽培するようになり、特に最近、ナタネ、亜麻といった新しい作物が導入され、大量につくられるようになった。その要因は、ヨーロッパ共同体から、これら作物に対して助成金が出ているからで、単一栽培によって作物の病気が増えたとしても、ほとんどの場合、殺菌剤を使用することで対処してきた。こうした全てのやり方が、環境を悪化させる原因となってきたのである。

　また、生垣に対する政府の政策は一貫性に欠けていたと言える。なぜならば、生垣をつくるために補助金が支給されているのだが、取り除くためにも補助金が支払われているのである（ただし、取り除くための補助金は10年前になくなった）。

　1992年には「生垣復元計画」が発足し、3年間で350万ポンドの助成金が、いったん取り払われた生垣を復旧するために投じられた。しかし、生垣をつくったり修復したりすることのできる技術者が、思うように確保できないという問題点が残されている。現在でも、25,000マイル（400,000 km）の生垣が存在するということは大いに注目すべきことではあるが、それらの大部分はきちんと管理されていないのが現状である。したがって、将来的には復元ということだけでなく、維持管理のための基金も必要となってくるだろう。

3. ヒースランド

　Heathland（ヒースランド）〈用語解説参照〉とは、エリカなどが生えている植生タイプのことをいう。この一帯は栄養分が少なく、土壌は酸性である。ヒースは大西洋気候の北西ヨーロッパにしか見られないもので、特に英国の西部で多数生育している。ヨーロッパのヒースのほとんどは、人為的につくられたもので、3～4千年位前に、昔からあった森林が取り払われ、そのあとにヒースが出現したのである。

　ドーセット県の盆地にあるヒースランドは、1950年代以降集中的に研究すべきテーマとなってきた。18世紀中頃、地質第3紀の砂地、砂礫地に広がるヒースランドは、400km^{2}とも見積もられていたが、現在では約55km^{2}までに減少してしまった。18世紀にはヒースランドはそれに適する土壌のほとんど全てを覆っており、河川流域によって6つの大きなエリアに分かれていた。現在は、数多くのエリアに細かく分断されて、農地、牧草地、森林あるいは市街地によって孤立化している。そして、そのどれをとっても伝統的な管理はなされていない。

4. ヒースランドの分断と孤立化

　この分断と孤立化は、ヒースランドにおける種の出現と残存にとってきわめて重要なことである。
　これはムーア（Moore, 1962）の研究だが、ヒースにしか生

育できない種と、ヒースにも生育するし、他の条件でも生育できる種を一組にして育種の研究を行った。それによると、ヒースにしか生育できない種の中には、小さい面積に細分化したところでは生育できない種が出てき、そういった種の数の減少が早いようだ。ヒースが細かく分断されてしまったために、ヒースにしか育たない種というのは、どんどん減ってしまうことが明らかになった。

　また、無脊椎動物の分布区域に関するさらに詳しい研究により、飛散力の弱い種はヒースランドの大きなエリアに限られているという結論が裏付けられた。さらにそれと同じ調査から、周囲の植生の自然もまた、多様性を決定する上で重要なものであることが確認された。

5. ビオトープとパッチ状の生息地

　ランドスケープの見地からすると、パッチ状の植生観察はとても重要である。パッチ状の半自然的植生は、それだけで孤立化していると考えられない。周囲の環境が植生に与える影響は大変大きいからである。

　たとえば、野生生物を保護する場合、ある特定の半自然的植生のパッチを維持しようとするのであれば、周囲の環境をある程度制御し、少なくとも周囲の環境が与える影響を最小限にとどめる必要がある。

　ある与えられたパッチにおける変化は、パッチ内のサクセッション（遷移）過程の結果であるし、パッチの周辺環境によって引き起こされた変化でもある。それゆえ、ある与え

られたパッチにとって、その後の形成要因のひとつは現在のパッチの構成によって決まり、さらには、そこのランドスケープのどこにそのパッチがあるかによって決まってくる。

　もしヒースランドのあるパッチが、2つの植生区域と隣接しているとする。ひとつの植生区域は類似した一片のヒースランドであるが、もうひとつの隣接植生区域が林地である場合と、半ば改良した草地である場合とでは、自然保護地としてどちらの方が最良の選択であるだろうか。それは、完全なヒースランドとして維持するためには、後者の方が好ましいのである。しかし、環境保護主義者なら直感的に前者を選ぶだろうと思う。

　森は、ヒースランドの維持に難題をつきつけるにもかかわらず、ヒースランドと森林を組み合わせることは、総体的に見て種がより豊富であるとの単純な理由からである。地形と土壌の許す限り、ランドスケープにおける諸要素の並列を考えることは、明らかに重要なことである。地域内にあるいろいろの半自然的群落のパッチを考慮したこの方法は、古典的な島嶼生物地理学（Island Biogeography）から開発されたモデルよりも、そのようなパッチのダイナミズムをもったモデルの方が優れていると思われる。

　さらに重要な相異点は、地域内におけるパッチは島から島への分散によって形成されるのであって、大陸から島への分散によるのではないという点である。したがって、ひとつの種が無限に生き残ると考えられるような大陸が存在しないことからも、パッチにおける個体群の生き残りは重要になってくるのである。

　パッチのスケールの問題は、生物によって違ってくる。た

とえば、ひとかたまりの森林、あるいは市街地は、分散する力の弱いチョウ(たとえば、ヒメシジミ/ヨーロッパから日本まで広く分布しているが、英国では絶滅が危惧されている；訳者)にとっては、そこを横断する障害物となる。ところが、同じような土地であっても、オナガムシクイのような鳥にとっては、全く障害にならない。

　また、パッチにおける植生の状態というものもあり、それはそれぞれの生物体に適合している。特定の種の生物学的情報やその種の必要条件について知ることによって、自然保護主義者は、ある特定の場所において、ひとつの個体群が見い出されたり、生き残ったりする可能性について、確度の高い推測をすることができる。このことによって、生息地を回復する際に、最大限の効果が生じるよう焦点を絞ることができるのである。このことは、現存するヒースランドに隣接してヒースランドを新たに復元することを意味している。ヒースランドのエリアを拡大することによって、また、パッチの形状を変えることによって、適切な場所、そして適切な時にヒースランドに依存して生息する植物や動物に対し、幅の広い生息環境をもったパッチを提供することが可能になるのである。

6. 野生生物のコリドー(回廊)

　野生生物の回廊とは、野生生物(植物も含めて)が行き来できる通路を意味している。その通路の目的として、
① 彼らが適応した新しい土地にコロニーを形成する。

② 今まで住んでいた所の環境に適応できなくなって、他の場所に移動する。
③ 過放牧のような事態が生じたため、そこに生息していた種が死滅してしまった場所に再びコロニーを形成させる場合。
④ ある種の必要とする条件が複雑である場合に関するものだが、その種がライフサイクルのいろいろな段階、あるいは季節によって、生息地をかえるときのため。
⑤ 小さなエリアがつながることによって、生息地全体が多様性を増し、その結果、生存のための条件として、大きな広い領域を要求する種が生育できるようになる。

　生物の移動については、①〜③は動物と植物に共通したもので、④、⑤は動物に限定される。この回廊は動物が最低限必要とする生活環境として、どれくらいの広さが必要かということに関係してくる。それは、科学的根拠は明かではないが、コロニゼーションという概念のもととなる重要な仮定は2つあると思われる。ひとつは、ある生物について、生育地が小さくて孤立しているほど、その種の絶滅する速度は早くなること。もうひとつは、植物も動物も、生育に適さない地域を越えて移動することができないこと。たとえば、田園地域では農耕地や牧場、道路、建物、都市的構造物などは、またいで移動することは不可能だと思う。

　野生生物にとっての回廊の位置と条件、保護や計画や管理といった大まかなポイントが浮かび上がってくる。ワイルドフラワーが少なくなってしまっている場合、あまり手の入っていない草地を連結したワイルドフラワーの草地帯は、ワイルドフラワーの分布を助けることになる。森については、そ

の最低限の広さや木の高さはどうなっているのだろうか。また、古い樹木に依存している昆虫たちが生息域を広げていくには、どのような条件が必要なのであろうか。たとえば、ルブス属(キイチゴ類)の存在がその役に立つのだろうか。ある種にとっては、裸地の価値を見落とすことはできないであろう。また、生態的地位を提供する溝や池を管理すること、生息地を相互に結び付けている植生を管理することなど、回廊を監視することも重要となってくる。都市部では、半自然が残っているような広い地域とのつながりを維持することも重要であろう。

7. 休耕地政策

　休耕地・『Environmental Sensitive Area(ESA、環境的に敏感な地域)』〈用語解説参照〉の設定や田園地域管理の奨励金制度の主たる目的は、農業生産を減らし、環境面での利益を引き出すことにある。しかし、その規則は極めて複雑で、常に改訂されている。

　EC(ヨーロッパ共同体)の『CAP(共通農業政策)』の基本理念は、農家を守るために農業生産物の価格を維持することにある。この政策によって、農作物の増産が計られてきたのであった。

　ところが、1986年頃になると農業生産物の供給が過剰になり、それらの貯蔵やさまざまな処理などの費用が生じて、生産にかかる費用よりも高くなってしまった。そこで最初に、農家に対して余剰生産を抑制するための助成をすれば、貯蔵

や処分にかかる費用が削減されるだろうというような提案がなされた。

次に、5年間の休耕地計画が1988年2月に承認され、1989年収穫期に間に合うよう、その制度が導入されたのであった。この計画は単に予算面だけでなく、環境上の目的、社会構造上の目的にも合うように意図されていた。しかし、1992年までに明らかになったことは、皮肉なことに応募者が少なく、EC全体で200万haにしかならなかったのである。したがって、その計画のための予算が節約できたというよりも、却ってこの制度を運用するための費用の方が多くかかってしまうという結果になってしまった。

そこで、1992年の改訂の一環として、休耕地制度についても見直しが計られた。その第一目的は、農業生産を減らすということなのだが、このために広大な農地を持つ農家は、5年単位のローテーション(輪作)でその土地の15%を休耕させれば、奨励金をもらえるという制度である。

さらに、『CAP(共通農業政策)』の他に環境に優しい政策が1993年に議会に提出され、翌94年に通過した。それらは次の通りである。

① 農業生産の粗放化(化学肥料・農薬の使用を減らし、有機農法を広げる)
② 牧畜を粗放牧化し、牛や羊の数(密度)の減少
③ 耕作地の永続的放牧地への転換
④ 『ESA(環境的に敏感な地域)』で農業を営む場合、環境に優しい農法に変換することに対する助成金の補助
⑤ 放棄された農地や林地の管理
⑥ 長期休耕地政策(最低20年間休耕して、生物の保護、国

立公園、自然保護地区に役立てる。または、流域保全のために役立てる)
⑦　農耕地や田園地域へのアクセス(人々が訪れやすくなるように工夫)
⑧　貴重種の保護
⑨　遺伝資源の維持に必要な植物の保護
⑩　農業従事者に対する教育(単に生産力を上げるためだけでなく、環境条件を配慮した農耕をするための教育が重要)。

　休耕地を奨励するという制度は、農業によって引き起こされてきた環境問題を解決するための万能薬というわけにはいかない。しかし、アメリカ合衆国やヨーロッパの経験から見て、休耕地政策によって環境問題が解決され得ることがわかってきており、また実際ヨーロッパではそういったことが起こり始めているのである。

　環境にやさしい政策で、今後、実現が期待される目標を次に示す。
①　保全価値のある生物種および、その生息地の保護を奨励すること。
②　隣接する耕作地においても、生物学的規制を推進する。
③　狩猟獣や魚類のストックの増加を助長する。
④　地下水の汚染防止
⑤　農地に使われた化学肥料・農薬が周囲の土地や水系への流出を管理する。
⑥　人々が安心して田園地域を訪れられるよう、またそこで快適に過ごせるよう施設を整備する。
⑦　農業地域の景観を管理する。

⑧　化石燃料をバイオマス燃料におきかえる。

このようなヨーロッパの事例を日本にも導入されれば、大きなメリットがあるものと思われる。

8. 最近の農業環境政策

これらの環境政策は、すでに農家に普及している環境奨励金政策、たとえば、『Countryside Stewardship（田園地域管理制度）』、『Hedgerow Incentive（生垣奨励制度）』、『ESA』を補完するとともに、その幅を広げている。

【新荒蕪地計画（NEW MOORLAND SCHEME）〈用語解説参照〉】

これは、ESA区域外のヒース荒蕪地で農業を営んでいる『Less Favoured Areas（農業不適地域）』の牧羊者にとっては有効なものである。その計画によって羊の頭数を減らし、農薬の使用は制限され、また農地改良は禁止される。そして荒蕪地は適正な管理の下におかれるようになる。

【新生息地計画（NEW HABITAT SCHEME）】

選択肢として、以下のものがある。
①　潮の影響を受ける生息地の創造（特に塩性湿地をターゲットにしたもの）。
②　指定されたパイロット・エリア内の湖や水路に沿った水辺植生生息地の形成もしくは改良。

③ 「5カ年継続休耕計画」に基づいてつくられた特に価値の高い生息地を管理すること。

　もし、ECの規則によって、この休耕計画のもとで土地を生産から解除できるなら、そして耕作地補償計画によって休耕地とみなすことができるのなら、耕作地から低地型のヒースか、低地型湿原をつくるという選択肢をさらに加える提案がなされている。1haあたりの基本的な金額は195ポンドから525ポンドの範囲内で、この計画は1994年に開始され、300万ポンドの支出を予定している。

【有機栽培補助計画（Organic Aid Scheme）】

　これは、農家が生産の方法を有機栽培に変更するのを奨励するための計画であったが、現在の有機栽培農家を全く支援していないので、政府は『British Organic Farmers（イギリス有機栽培者連合）』と『Soil Association（土壌協会）』に厳しく批判された。

【農耕地補償（Arable Area Payment）：1993～94】

　農水産食糧省は、耕作地補償計画の改訂版を発行したが、その中の重要な変更箇所は、1992年から93年にかけてつくられた休耕プログラムの中で、損失の大きいところである。
　改定された部分を以下にあげてみる。
- 農家は輪作を前提として農地の15％、あるいは輪作を行わない場合、農地の18％を休耕とすることができる。
- 輪作型休耕で形成された緑のカバーは8月31日までに取

り払わなければならない。
- また、農家は5月1日以降に耕作してもよいし、雑草を制御するために選択的除草剤を用いることが認められる。
- 非輪作型休耕地は、1月15日から少なくとも5年間そのままにしておかなければならない。
- 9月1日から1月14日までの間は、家畜を放牧したり自家用として干し草用やサイレージ用に牧草を刈り取ったりしてもよい。

さらに、長期間の休耕には主に5つの選択肢が設けられている。

① 耕地の周辺部
② 草地
③ 自然の復元
④ 野鳥の隠れ場所（そして、毎年あるいは隔年に場所替えをする猟鳥類の隠れ場所）
⑤ 播種前に契約書のサインを条件として、非食用作物の栽培（農家からの申請）

英国政府もまた、ECに対して新たな計画を提案しており、20年間生産をしていない農家に対しては、補償金の支払いを行うことを提案している。現在、「耕地補償計画」の下では、このような土地は休耕地とみなされていないが、それを見直そうとの考えである。

【硝酸塩計画の改正（NITRATE SCHEME AMENDED）】

『NSA；Nitrate Sensitive Area（硝酸塩に敏感な地域）』30ヶ所を新たに指定する提案は、農家のこの計画への参加を助長

するために修正された。はじめは、NSAは敏感な集水域で農業のやり方を変更するために補償金を支払う予定だったが、最近の計画では水を供給している井戸の近くの、狭く限られた内域のみを対象として支払いを行うことになった。

　さらに農家は、限られた窒素使用を前提として耕作を続行してもよいことになっている。すなわち割り当てられた窒素の一部に有機肥料を用い、そして5年に1回ナタネとジャガイモを栽培することになっている。

自然保護とボランティア活動

CONSERVATION AND VOLUNTEERS IN BRITAIN AND ELSEWHERE

英国での自然保護ボランティア活動は、次の3つの分野で大きい役割を果たしてきた。
① 組織をつくり、政府機関に対して影響力を行使する。
② 自然保護地の取得と管理は、中央または地方の政府が行ってきたわけであるが、ボランティア団体はそれを補う形で同じように自然保護地を取得し管理してきた。
③ 大人はもとより子供達に対して、主に教育活動を通して世論を変えるという役割を果たしてきた。

1. 英国における環境保全活動の歴史

【野生生物の保護】

人々は昔から、日常生活にかかわっている植物や動物に対して、常に関心をもってきた。植物を採集するのは、薬に使ったり、染色したり、化粧品として使ったりするためであった。実際に薬の形態としては植物がもっとも重要であり、17世紀まではほとんどの植物学者は医師であった。英国の植物学の父と呼ばれているウィリアム・ターナー（William Turner）は、医学に使うための植物に興味をもっていた人物である。動物に関しても同様に、食べ物として、また健康維

持の対象として、人々は深い関心をもっていた。このようなことから植物や動物への興味というのは、それらが、人間の生活に直接的に価値のあるものである場合に限られたことで、野生生物そのものに対する思いやりや関心はほとんどなかったのである。

英国において近代科学が起こってきたのは、1663年に『王立協会』が設立されてからであり、これに参加していたのは自然史に興味をもっている人々ではあったが、まだ自然保護という観点はなかった。

植物学で有名なリンネにちなんで、1788年に『リンネ協会』もつくられ、それと同時に19世紀中頃には、多くの学術的なクラブや協会が出現した。その中には『フィールド・クラブ』のように自然史に関心の深いものもあったが、この頃から英国の伝統である、植物や動物に関する（専門的でない）アマチュア的興味が強まり始めたのである。

野生動物の保護は、これらの新しい協会の目的のひとつであった。たとえば、1854年の『ウィルトシャー考古学・自然史協会』設立総会の席で、ある人が、この協会が田園地域における野生生物の減少をくい止めることに役立つことを望むといった内容の発言をした。彼の考え方としては、鳥や動物たちが、人間の無知や迷信および残酷好きによって迫害を受けているので、この協会の力でそれをやめさせようというものだったが、結局何も起こらなかった。

しかし、野生の植物や動物に対して特別の視点をもつのは、ナチュラリストや彼らが組織する協会だけであって、国会議員なども含めて、一般の人々が野生生物に興味をもつのは、それが人々の生活に直接かかわってくるような時だけであっ

た。このように19世紀の中頃までは、野生生物の保護に関して目立った動きというのは特になかった。ただ、鳥に対して虐待が行われたり、標本にするためにむやみに捕らえられるなどの報告が出されたのを機に、植物や鳥類の稀少性に気づき、それらの地域的な絶滅に対して人々の関心がもたれるようになった。

『王立動物虐待防止協会』

　この協会は1824年に設立されたもので、当初は、飼育されている食肉用の馬や牛が大都市の市場で虐殺されることを防ぐことが目的であった。

　特に、ロンドンにおいて大きな実績をあげ、19世紀半ばになって馬や牛だけでなく、野鳥やその巣、卵などの保護にも貢献してきた。そして、1896年に「海鳥保護法」の制定に指導的役割を果たし、この法律によりある一定の海鳥の卵を採集して売ることは、犯罪として扱われるようになった。

　協会設立の目的は、家畜の虐待を防ぐということであったが、自然保護活動への間接的な貢献の方がより重要であった。

　その証拠に、民衆の意識を変えるのに、圧力団体のもつ潜在的な大きな力を発揮して、時には人間よりも犬を大事にするのかという批判を受けながらも、その役割を果たしてきたのである。そして、根気、能力、機転、忍耐等に基づいて大きな評価を受けることになった。それを受ける形で新たに設立された『RSPB（王立鳥類保護協会）』は、その最初の会議もこの『王立動物虐待防止協会』の事務所を使って行われ、その経験に学び活動してきのである。

『王立鳥類保護協会』

　野生生物を守るために初めて組織されたのは、1885年に設立された"Selbourne Society（セルボーン協会）"というもので、これは鳥類や植物の保護はもとより、それらの快適な生息場所を保護するためのものであった。

　この協会は多岐にわたる目的を掲げている。そのひとつが鳥類を守ることであったが、そのことだけに注意を払っていたわけではない。1889年にマンチェスターのロバート・ウィリアムソン（Robert W. Williamson）夫人が、上流階級の女性たちが帽子の羽根飾りに使うために、ギンシラサギやアオサギ、ゴクラクチョウといった鳥を毎年虐殺するのを防ぐことを呼びかけ、その虐待から鳥を守る目的で協会が設立された。

　その後、この協会の主たる目的に共鳴する組織がロンドンにも設立され、その2つの協会は合併し、ロンドンのハンナ・ポーランド（Hannah Poland）女史が事業を引き継ぎ、『RSPB（王立鳥類保護協会）』は徐々にその分野で力をもつようになってきた。そして1891年、正式に設立された。

　この協会は規則として次のようなことを定めている。①協会の会員は鳥を虐殺することをやめ、鳥類保護に関心をもつこと。②女性会員は、食用以外の目的、すなわち羽根飾りなどのために鳥を殺すことはやめる（ただし、ダチョウは例外とする）。

　設立後の協会は活動範囲を広げ、社会の幅広い分野の活動をサポートしてきた。今日では世界中に100万人以上の会員がいる。

【野生生物保護に関する法律的手段】

野生生物を虐殺したり、必要以上に捕獲したりすることを防ぐには、以下の方法が考えられる。
① 法律で守る
② 教育で受けもつ
③ 自然保護地域をつくる

この３つの方法のうち、どれがもっとも効果的かということについて多くの議論がされたが、大多数の意見として、自然保護地域をつくることはあまり効果的でない上に、費用がかかり過ぎるということであった。

自然保護地域をつくることは、他の２つの方法が十分でなく、また失敗したときに補完するものといった程度の見方しかされておらず、虐待や捕獲に対して速効性からすると、やはり法律による保護ということであった。

また長期的には、教育によって大人も子供も含めて、人々が野生生物を守るための法律を支持するようになっていくと考えられることから、教育も重要なものとなったのである。

結果として、19世紀における自然保護運動の歴史は、議案を提出したり、各種の団体を組織したり、また教育の計画を行ったりといったことを幾度も繰り返して今日に至ったのであった。以下にその後制定された主な法律をあげてみる。

　　1876年　　野鳥保護法
　　1914年　　ハイイロアザラシ保護法
　　1959年　　シカ保護法
　　1973年　　アナグマ保護法
　　1974年　　野生植物保護法

2. 環境の変化と野生生物

　二度の世界大戦の間に、土地の利用と管理が驚くべき規模の変化を遂げた。1912年に『The Society for the Promotion of Nature Reserves（SPNR、自然保護振興協会）』が発足した。

　その協会はN.C.ロスチャイルド（Rothschild）を筆頭とする富豪のグループによって結成されたもので、その目的はナショナル・トラストのような組織や個人が自然保護地をつくるのを援助することにあった。

　その組織自体は、土地を所有し管理するものではなく、会員数は少数で1935年当時292人、また多少エリートに偏っており財源も多くは望めなかったが、組織の活動は優れた保護地をたくさん獲得した。たとえば、Woodwalton Fen（ウッドウォルトン・フェン）は第2次大戦後、国立自然保護地になった。

　また、1914年から18年までの第1次大戦中には、自然保護を考えるという点で政府に影響を及ぼすことができなかったが、第2次大戦中、そしてそれ以降には政府に大きな影響を与えるようになった。

　第2次世界大戦の直後から、政府は田園地域内の保護を検討するたくさんの委員会をつくり、そのことが、1949年に英国内の自然保護に対して責任をもつ公的機関となる『Nature Conservancy（NC、自然保護局）』の設立を促すことになった。

　1963年までに47ケ所の『NNR（国立自然保護地）』が公表され、さらに81ケ所の地域がイングランド、ウェールズ、

スコットランドで指定された。現在では200以上の国立自然保護地をNC（自然保護局）が管理している。

3. ナチュラリスト・トラストまたは野生生物トラスト

　各県の『NC（自然保護局）』の設立および『The National Parks Act（国立公園法）』によって与えられた権限は、ボランティア運動に全く新しい局面をつくり出した。

　それまでは、『RSPB（王立鳥類保護協会）』や『SPNR（自然保護振興協会）』といった組織だけが、自然保護についての活動を行っていたが、もはやそういったものだけでは対応できなくなってきた。そこで、自然保護局が重要な対象地を保護し、役人や監視員を保護地の管理のために配属し、また野生生物を全般的に監視することになった。

　その頃から、ボランティア団体の主たる仕事は、『NC（自然保護局）』の機能を補完することになり、『SPNR（自然保護振興協会）』の奨励を受けてすでに3つの県が率先して野生生物の保護に乗り出したのである。

　1926年には、ノーフォーク地方の『Areas of Outstanding Natural Beauty（AONB、自然景勝地域）』〈用語解説参照〉を守ることを第一目的とした『Norfolk Naturalists Trust（ノーフォーク・ナチュラリスト・トラスト）』が設立された。その景勝地には、有名な（ノーフォークの）湖沼地方、スコルト・ヘッド島といった海岸の湿原が含まれている。

　そして、1946年には『ヨークシャー・ナチュラリスト・トラスト』が設立され、同じ年に『リンカーンシャー・ナチュラ

リスト・トラスト』も誕生した。

　1956年頃から同じような組織が次々と他の県でも設立され、今日では県単位の野生生物トラストやナチュラリスト・トラストは50団体を越え、現在の総会員数は約25万人にのぼっている。

　これらトラストは、その母体となる『Royal Society for Nature Conservation（RSNC、王立自然保護協会）』に属しており、RSNCはさまざまなキャンペーンを行ったり、政治的陳情を行ったりしている。さらにその活動内容を人々に伝えるために、独自の雑誌を発行している。

　この『王立自然保護協会（RSNC）』は、自然保護地の獲得と管理を行ってきた。その数約2,000カ所、面積にして10万haにも及び、これは国の『NCC（自然保護委員会）』の管理する自然保護地を凌ぐものである。これら保護地は、そこに住む野生生物によって面積もさまざまであり、また稀少性も異なっている。

　たとえば、アップウッド採草地（Upwood Meadows）（筆者：名誉管理官）のように、『National Nature Reserve（NNR、国立自然保護地）』〈用語解説参照〉と同格のものもあり、また他のところも『SSSI（科学的重要地区）』と同じ位置づけのものや、小さいが地域的に重要なものもある。

　これらの保護地は管理官によって管理されており、大部分の作業は週末にやってくるボランティアの人たちによって行われている。そして、自然保護専門家がボランティアの人たちを指導するのである。

　ボランティア会員の仕事としては次のようなものがある。森の保全管理や灌木刈り、草地管理、池づくり、池の掃除、

鳥の観察小屋の設置、また自然保護やそのボランティア活動に対して理解をしてもらうためのインタープリティヴ（解説）センターや教育センターを設けたり、幹線道路などの沿道草地帯を監視、測量および調査、また自然観察のガイドをしたりしている。

4. 教育活動

　ボランティア団体はチャリティとして登録されており、教育活動も組み込んでいるので、教育担当者をおいている。

　『RSPB（王立鳥類保護協会）』、『RSNC（王立自然保護協会）』、『野生生物トラスト』といった団体では、教育活動が団体の主要な活動となっており、その教育活動は便宜上2つに分けられている。ひとつは一般知識に関する教育、もうひとつは、現地教育である。

　今日では、学校教育でも自然保護が一般教育課程の中に入ってきているので、校内に自然保護地のような場所を設ける学校も多くなってきた。

　また、多くのトラストでも専任の教育担当者をおき、自分たちの自然保護地の一部を特に教育のために充てている。Ramsey Heights Clay Pits（RHCP、ラムゼイハイツ粘土採掘跡地）がその良い例である。

　子供のための自然保護活動として、『RSNC（王立自然保護協会）』も"Watch（ウォッチ）"と呼ばれるジュニア部を設立した。これは子供たちのためのクラブのひとつで、実践的であり、かつ肩のこらない楽しみ方で、野生生物をいたわり、

育みながら環境を守ることに参加させるためのものである。

"Watch"の会員には年3回、学校の長期休暇が始まる直前に"WATCHWORD（合い言葉；スローガンの意）"という雑誌が配られる。この雑誌のねらいは、チョウの調査や水質汚染に関連したトンボの調査のように、科学的に価値のある情報を集めることを目的とするプロジェクトが盛り込まれている。

また、『RSPB（王立鳥類保護協会）』でも15歳までのバード・ウォッチャーが参画できる、『Young Ornithologists Club（ヤング・バード愛好クラブ）』という子供向けの部門を設けており、現在の会員数は約10万人である。"Watch"、"YOC"ともに子供たちの想像力を育むことに目的をおき、将来、実践的自然保護活動において、自らの意見を述べることができるようになってくることを期待している。

5. その他のボランティア団体

前に取り上げた団体の他にも、いろいろなボランティア団体がある。主なところを列挙してみる。

① 『British Trust for Conservation Volunteers（BTCV、英国自然保護ボランティアトラスト）』は多くの大学の中にもグループがあって、週末に活動している。
② 『Farming and Wildlife Advisory Group（FWAG：農業および野生生物顧問団）』は、野生生物保護のための助言を行っている。
③ 『地球の友』は国際的に活動しており、代表的なものとしては捕鯨反対運動がある。

④ 『ウッドランド・トラスト』(1972年設立)は、残存林の取得と管理を行っている。
⑤ 『WWF(世界野生生物保護基金)』は国際的な団体であり、これに関連する団体として、1946年にペーター・スコットが設立した会員数2万人を超える団体『Wildfowl Trusts(野鳥トラスト)』がある。
⑥ 『BTO(英国鳥類学トラスト)』(1932年設立)は、鳥たちの生活の現況について知識を高め、事実を理解した上で鳥類の保護活動をしていこうというものである。これにもっとも関連した役割として、1962年から"Common Bird Census(一般の鳥類の数量調査)"を行っている。これは、普段よく見かける種類の鳥が、その数において、農業や林業によって、変化していないかどうかを見きわめるために、毎年行われている調査である。
⑦ 『Earth Watch(地球ウォッチ)』という国際的な組織では、個々が地球環境についての調査企画に参加することを奨励している。

　ボランティア団体は英国において、野生生物の保護全般に関して重要な役割を果たしてきた。それは、政府の機関が行政上の問題と関わりをもつにつれて、ますます強い力を発揮するようになり、さらに専門化が進み、ほとんどの県は、現在専門的な訓練を受けた人々が中心となって組織の運営にあたっている。
　また、行政機関やその他のスポンサーから得られる資金も増加しており、組織としての発展と自然保護の原則を広めていく上でも、ボランティア団体は重要な役割を担っている。

森林の管理と野生生物

WOODLAND MANAGEMENT AND WILDLIFE CONSERVATION IN BRITAIN

現在の気候条件の下では、英国のほぼ全域にわたって、その自然植生は森林である。イングランドとウェールズは、人間が開墾する前には落葉広葉樹の森で覆われ、一方、スコットランドのかなりの部分には在来種であるマツの原生林が繁っていた。人間の行為は、直接的にせよ間接的にせよ、かつて英国の国土を覆っていた森林の大部分を失ってしまったことに対して責任を感じる必要があるだろう。何百年、何千年にもわたって多くの森林が伐採されたわけだが、辛うじて残存する古い森は今日まで保護されてきた。しかし、道路計画やその他の開発によって、森林の破壊は今日も続いているのが現状である。

1. 古い森林（Ancient Woodland）管理の歴史

幸いにも、英国には過去にどのように樹林を管理していたかについて、非常に詳しい資料が残されてきた。その文献は、『アングロサクソン憲法』に始まり、1086年にウィリアムⅠ世によってつくられた『Domesday Book（土地台帳）』〈用語解説参照〉に至るわけだが、それらは森林地帯の構成の詳細や、当時の人々がどのように森林を管理していたかを明らかにしてくれる貴重な資料である。

人間の側からみた森林の最大の役割は、材木を生産することであり、低木はさまざまな用途に利用されてきた。そして、森林はまた、地域社会の福祉のために中心的役割を果たす、再生可能な資源とも見なされていたのであった。

　森林の管理は集約的かつ保全的なものあった。中世の時代には、人々は持続性のある資源を頼りに生きていかなければならないことを予期し、1250年頃には、伐採後の場所に必ず植林することを基本として、森林を管理していたのである。

　当時の多くの資料によると、低木林型ローテーション（coppicing rotation）を行っていたことがわかり、年間の用材の産出量がわかってくる。短い年間隔で伐採をすれば、問題なくまた樹木の再生が保証されていた。樹林には囲いをして、家畜やシカが切り株から発生する若木を食べてしまわないように配慮されていた。

2. 低木林（Underwood）の管理

　過去においては森の大部分が、高木点在型低木林（coppice-with-standards）タイプのもので、高木の点在する低木林から成り立っていた。低木林は毎年用材として生産され、一方、高木は長期に亘る不定期な間隔で材木用に切り出されるが、重要度の高いのは低木の方であり、人々にとっても身近なものであった。

　低木林方式の生産物である低木は、さまざまな目的で利用されてきた。家庭では薪として利用され、産業においても製

写真―14　高木点在型低木林は英国平野部の多くの森林の特徴である．10〜16年周期で伐採される．このような管理手法が少なくとも1000年は続いてきた．
（モンクスウッド、ケンブリッジシャー）

鉄用の薪として利用されたのであった。編み枝や塗料を使って家の壁をつくるときの補強材として用いたり、囲いとして使ったり、食器のような日用品小道具として利用され、どんな木でも使い道があり、無駄にするところがなかった。

　低木林をつくるにあたっては、枝や幹を根元の部分だけを残して斧で刈り取り、脇芽を再生させる。そのような伐採方式は、低木林の更新サイクルといって、歴史的に変異がある。14世紀頃のサイクルは、具体的には4年から8年だが、後に10年から16年の間隔になった。しかし、1930年代頃からこういった管理はあまり行われなくなり、その結果、樹林に対する生物的な関心も減少してしまったのである。特に、自然

保護団体の所有している樹林においては、このサイクルを取り戻すことを主眼として管理していくべきであろう。

3. 木材用高木の管理

　高木の大部分はナラ（*Quercus robur* または *Q. petraea*）で、主に建築用に使われている。ニレやマツも中世の建物には若干見られるが、18世紀以前のものにはあまり使われていない。

　中世の普通の建物には、樹齢25〜70年の比較的若いナラ材が多く使用されている。立ち木は斧やまさかりで角材にされる。曲がった木もたくさんあるので、そういうものは屋根材として使用される。木が倒れるぐらい大きくなるにまかせておくというのは、間違った考え方である。巨木というのは、教会のような大きな建物にしか使えず、しばしば不足して遠くから運んでこなければないことがある。立ち木は必要に応じて伐採されていた。大工は手作業のため森に入って木を切り倒し、生木のうちに加工する。

　こうしたシステムは、木材を生産する方法として持続性を持っていて、しかも効率的で、需要と供給のバランスがとれていた。低木類も無駄にすることなく、樹皮は剥がされて皮製品をなめすために売られ、枝も薪として利用されていた。

4. 中世の森のようす

　ごく一般的な森林は、さまざまな樹種からなる低木層をもち、短いサイクルで繰り返し伐採（下刈り）されてきた。また、材木にされるような大きな木は、根元の直径が約45cmのものから、それ以下のさまざまなサイズのものがある。それらは主に、ナラの木（日本でオークといえばカシを指すことが多いが、英国では落葉性なのでナラの木などを指す）で、樹齢は最高70年ぐらいのものもあるが、大部分はもっと小さいものであった。

写真—15　サクラソウの仲間（*Primula elatior*）は、東部イングランド地方の湿った粘土質の森林を特徴づける林床植物である．より普通種の*Primula Vulgaris*は広く分布しているが、両種とも森林によってはたくさん出現する．

写真—16 Early Purple(Orchis mascula)のようなランは伐採後の2〜4年目の低木林に出現.(ウェアズリーの森、ケンブリッジシャー)

写真—17 サクラソウの仲間(Primula elatior)とイチリンソウの仲間(Anemone nemorosa)は、低木林を特徴づける林床植物でもある.

しかし、材木用の木といっても高木だけでなく、しばしば低木によっても補充されてきた。また、低木林から切り出した比較的大きな中間層の用材というのがある。これは2～3回のローテーションの間、伐採しないで低木から高木へと成長させたものを指す。

低木林の多くは普段見慣れた樹種から成り立っている。たとえば、西洋トリネコ（*Fraxinus excelsior*）、カエデ（*Acer campestre*）、ハシバミ（*Corylus avellana*）、サンザシ（*Crataegus monogyna* および *C. oxyacantha*）、カバ（*Betula pubescens*）、ヤナギ（*Salix caprea*）などがそうである。

林床植物は、土壌のタイプや排水条件によって違ってくる。たとえば、粘土質の土壌では、サクラソウの仲間（*Primula elatior* あるいは *P. vulgaris*）が多く、もっと乾燥した土壌ではブルーベル（*Endymion non-scriptus*）（口絵③参照）、そして酸性の土壌では一面に野生ガーリック（*Allium ursinum*）が咲くといった具合である。また、材木を運び出す道にできる草に覆われたわだちのようところは植物群も豊富なので、虫やチョウにとってとても重要な蜜源になっている。

5. 古い森林の動植物相とその保護

今日、昔からある林や森の植物相を保護していくことは、大変重要になってきている。英国において、森林、特に原始林から派生した古い森林は、最も豊かで多様な野生生物のビオトープのひとつとなっている。そのような古い森林は、その歴史と構造と管理によって動物、植物を含めて多くの生物

にすみ家を提供してきた。

　200ha位の典型的な森林には、数多くの種類の生物体が生存している。高等植物で250種位、苔は約80種、菌類は500種以上、40種を越す鳥類、2,000種以上の無脊椎動物、その他にもさまざまな動物、微生物などが存在している。それぞれの種を個別のものとして森林を管理していくことなど、明らかに不可能である。

　森林を管理するのに最も一般的な手法は、種の多様性を形成してきたと考えられる伝統的な手方を継承するか、もしくはそれを復活させることだと考える。実際的な言葉に置き換えれば、小さな木や下生えの低木林（coppice）というシステムを復活すること、そして森林の中の回廊を慎重に管理することであろう。

　特に、無脊椎動物についての関心が高まってきている。たとえば、特定の生物群を殖やすためにとられている特別な規準といったものがあるが、これまでにつくられてきた計画を以下にあげてみる。

① 自然の動植物を守っていくためには枯れた木もそのまま残しておく必要がある。その枯れた木を残す最も単純なルールは、その木を倒れたところにそのまま残しておくことなので、自然に朽ち果てたように残しておくと、そこにはいろいろな生物が寄ってくる。もし、そのまま残しておくことができないのであれば、枯れ木を積み重ねて残しておけばよいだろう。

② 特に、樹齢の高い木に注意を払い、いかなる管理計画においても保護していくべきである。

③ 根元からの伐採を繰り返すcoppice方式に対して、地上

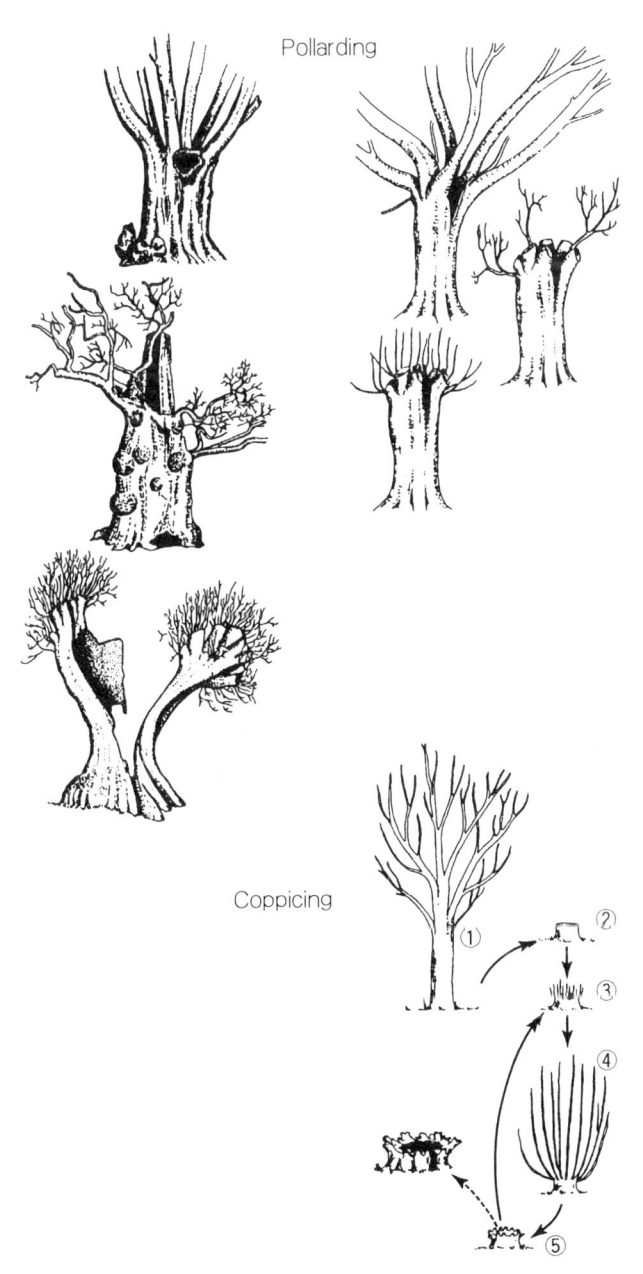

図—1 Pollarding と Coppicing

高木林
低木林
林道
無脊椎動物にとって理想的な林縁断面

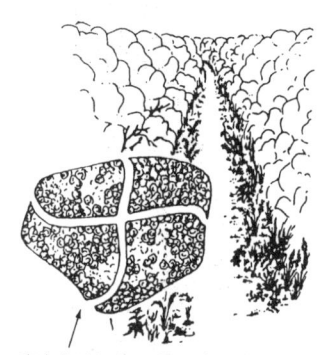

真直よりもカーブをもたせた方がよい

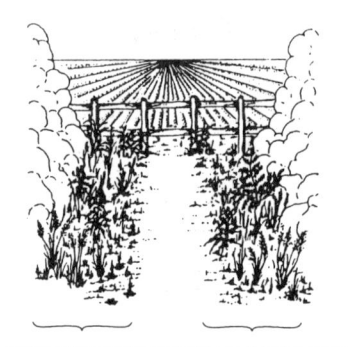

森林内の狭い林道の管理

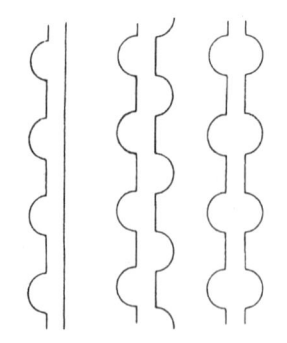

林内歩道の両側の草地帯は年1回刈り取る

林道の管理タイプ
― ほたて貝状の林縁を着ける ―

図―2　森林内の林道管理

から約2mあたりからの伐採を繰り返すpollardingという方法があるが、これは無脊椎動物が利用していく上で"coppicing"よりもたくさんの恵みを提供してくれる。それは、"coppice"は、根元で木を切ることが多いが、"pollarding"は、根元から高い位置で幹を切り落とすので、無脊椎動物が利用するための大量の枝を手に入れることができるからである。古いpollardは、無脊椎動物にとって非常に重要なものなので、新しいpollardもつくられる必要があるが、何度かpollardingを繰り返してはじめて枯れた木材としての格好のハビタットとなっていくのである。ただ、古木や枯れ木での生態系の回復には多くの時間が必要である。

④ 樹林の中の小道を維持していくためには、時々刈り取りを行わねばならない。また、その小道はなるべく直線でなく、曲がった不規則な形をしている方がよい。小道沿いのところどころに隠れたくぼみなどがあると、そこはチョウなどのハビタットになる。

⑤ 小道は真ん中が裸地で、その周りに背丈の低い草が生え、その外側にもう少し背の高い草ややぶのような低木林があって、最後に大きな木があるといったような、段階のある構成になっている。それが生態系にとって非常に望ましい形である。

⑥ もし、その樹林が以前から"coppice"として伐採を繰り返すことによって維持されてきたのであれば、引き続き同じ方法で管理していく方が最もよい方法と言えるだろう。

野生生物保護のための草地管理

GRASSLAND MANAGEMENT FOR WILDLIFE CONSERVATION

温暖な地域の半自然草地には、広葉性の植物、イネ科植物、苔などが共生している。過去において草地は、2つの主だった目的をもって維持・管理されてきた。ひとつは、家畜を放牧して、その肉や畜産加工品を食糧とするためであり、もうひとつは、草地を刈り取って冬期の家畜の餌となる干し草をつくるためである。

放牧のために使われている草地はパスチャー（pasture）、

写真—18　路傍草地帯は年に1～2回刈り取られる．その結果、土壌タイプによって特徴ある植生が成立する．セリ科のシャクの一種(*Anthriscus sylvestris*)は、重粘土の特徴を示す．

写真—19 牛の放牧は自然保護地の草地管理に用いられる．
（アップウッド・メドウズ、ケンブリッジシャー、1984年11月）

写真—20 干し草用に刈り取られ、化学肥料を施用されない草地はその構成種が豊かである．しかし、農業の集約化に伴って、英国では珍しくなってしまった．
（ケンブリッジシャー、1992年6月）

干し草として刈り取って使う草地はメドー（meadow）と呼ばれて、用途によって草地を区別している。

草地はいろいろな要因によって、植物の種類や量が変わり、植物の構成によってさまざまなタイプがある。その要因で特に重要なのは、どのような土壌であるか、土壌水分の状態と管理である。その他に方位や傾斜、標高といった要因も植物の構成に影響している。

英国や西ヨーロッパ諸国では、この40年間、農業の形態が変わってきたため、半自然の草地が激減してしまった。英国においては草地全体のうち、半自然草地は現在わずか4％である。鍬で耕し、排水化を図り、種子をまき、肥料を与え、除草剤を使用し、動物の排泄物を捨てる、そういったこと全てが半自然草地の減少につながっている。

現在残されている半自然草地は、自然保護主義者が特に興味を持っているところである。それらの草地が多くの種類の植物や動物を支えており、それらの多くはその草地でなりれば生息できないからである。セイヨウオキナグサ（*Pulsatilla vulgaris*）やランの仲間、特に魅力ある植物や昆虫のいくつかの種は、石灰質の草地でのみ生息するのだが、その石灰質の草地は農業用地として適しており、特に減少が激しい。

1. 草地植物の一般的な性質

草地の植物が、草地という特別な環境にいかに十分適応しているのかを知るためには、草地の成長過程を知る必要がある。

ラウンケア（Raunkiaer）という有名な植物学者は、冬季における植物の芽の位置を基準にして、植物を「生活型」と呼ぶグループ分類をした。英国において、酸性・中性・石灰質の草地に出現する533種類の植物をその生活型によって分類したところ、約3分の2が「半地中植物」と呼ばれていることがわかった。

　半地中植物とは冬芽が地表面直下、または地表面近くに位置している植物であり、冬芽が地下茎の形で残っているものを「地中植物」と呼ぶが、これらが533種類中16.5％を占めていた。また、冬芽が地際から地上25cm位の間にあるものを「地表植物」と呼び、この割合は約20％であった。

　その他にごく僅かではあるが、種子のままで冬を過ごす1年生植物もあるが、「地表植物」、「半地中植物」、「地中植物」の3種がほとんどを占めている。

【葉の頻繁な除去への適応】

　草地において植物が生存し続けるためには、刈り取りや放牧のために頻繁かつ断続的に葉が取り払われても、新しい組織を次々とつくって適応していかなければならない。

　グラス（イネ科植物）は、分けつによって増殖する活力ある集合体と考えられ、それは種によって特有の形をとっている。多年生としての性質は新しく伸びた茎の越冬によって得られるが、その新しい茎も次の季節まで生き続けることはほとんどない。

　さらに、頻繁に葉が取り払われる植物は、光合成によって得た養分を貯蔵部位に転送して蓄えておき、葉が除去された

あとや休眠期を終えたときに、新たな葉を出して光合成を始めることができる。

なお、グラスは水溶性の炭水化物や澱粉といった形で栄養を蓄えるが、根に蓄えられた貯蔵養分の量は季節によって変動し、一般的には夏季に多くなり春季には少なくなる。そして、葉が除去される時期や頻度は、根の発達や養分の貯蔵量、植物の活力、そして競争力に影響してくる。

【多年生とその寿命】

非常に重要でありながら見落としていることのひとつに、温帯地域の草地の特徴は、植物の種類の90％以上が多年生植物で、非常に長い寿命をもっているということである。

ロシアのラボトノフ(Rabotnov)による草地の研究によれば、130年もの長寿の植物もあり、そのうちのいくつかは20年目に初めて花をつけたという報告がある。

また、筆者もランの研究を行っているが、観察した中には寿命が30年を越えるランの個体群もある。

多くの草地植物は種子の生産は非常に少なく、どちらかというと不規則である。ただ、栄養繁殖という手段によって生育しているので、種子から成体になることは草地の多くの種にとってはあまり重要な問題ではない。

現存する草地において、地中に貯蔵された種子に関して調査した結果、特にイネ科の植物については、ごく少量しかないことがわかった。

種子から幼植物が形成され生き残っていくためには、何らかの理由で植生の被覆が撹乱され、ギャップ（裸地）ができ

ることの方が重要であることが研究によって明らかになっている。植物が地面を覆っている状態では、植物が種子から発育することはむずかしいのである。

【フェノロジー（生物季節）】

　植物の葉をつける時期、開花・結実の時期は、効果的な管理方法を考えていく上で非常に重要なことである。調査はそれほど難しいことではないが、多くの種類についてはまだそのデータが十分に揃っていないが、いくつかの種類については"Amenity Grassland"という本に紹介されている。

　農業にかかわりをもつ植物については多く研究されているので、一般に草地を構成する植物の場合、その成長パターンが2つのピークを持っていることがわかっている。第1のピークは5月中旬から6月中旬まで、そして第2のピークは8月頃になっていて、冬季の生長量はごくわずかである。

　また、農業用グラス類はその生長曲線によると、パスチャー型グラスの場合、生産の第1ピークは5月中旬から6月中旬までの間にあり、第2のピークは8月にあらわれ、冬季の生長量はごく僅かとなっている。

　農業に直接関係のない植物についてはデータ不足であるが、今後は科学的基礎に基づき草地を適切に管理していくためには、多くのデータを収集して科学的に対応していく必要がある。

　草地の構成種の生活型、多年生、寿命、フェノロジーに関連した管理については、農学と生態学の研究者による調査・研究の結果、草地の種構成は施肥や放牧、刈り込みといった

作業の仕方により、操作できることがわかっている。

　筆者の研究では、放牧地の植生は、肥料や管理方法を変えることによって一時的な変化が起きたとしても、長期的に見ればほぼ安定していて、種の保全に影響は少ないことが明らかになっている。

　実際に、石灰質の土壌の放牧地には多様な種類の植物があり、その成長過程を見ていくと、時間や場所によって多少の変化はあるものの、全体としては放牧という方法が維持されている限り、同じような種構成が保持されている。

　ただし、管理方法の変化によってある種は増え、またある種が減るというように、種構成が一定方向に偏ることがあるが、その変化が長く続くことはまれで、新たな状態でバランスがとれるようになってくる。また、放牧や刈り取りによっても変化が生じることがあるが、特定の種が絶滅することは滅多にないようだ。

　それに対して、肥料、特に無機窒素を多く含んだものを与えると、イネ科植物が増殖し他の植物が減少するというように、種構成を大きく変えてしまうことがある。さらに、窒素肥料を2～3年にわたって与えると広葉植物は激減してしまう。

2. 放牧による植生管理

【放牧地の葉の減少】

　放牧によって草地の構造や植物の種構成にもっとも大きく影響を与えるのは、放牧の密度や放牧される頻度にもよるが、一番の要因は特定の植物が選択されて喫食されるということである。

　研究結果からわかったことは、石灰質の草地で羊を放牧した場合、羊たちは茎よりも葉の方を、そして古く乾燥した部分よりも新しくみずみずしい部分を好み、窒素やリンを多く含んでいるもの、粗エネルギーや栄養分の多いものを好むようだ（口絵④参照）。

写真―21　羊の放牧（オルション・ヴァレー、1981年7月）

しかし、放牧密度が高い場合には家畜たちは選択肢を失い、もっとも豊富にある植物種が食草として提供されることになる。さらに重要なことは、年間を通じて同種の植物が選択されているのではなく、たとえばハーブの一種でセージという植物は1〜2月の間に食べ、季節が変わるとまた別の植物を食べるというように、季節によって食べ分けているのである。

放牧地で家畜が食べる草種の選択の要因は多様だが、その中でもっとも重要なものが"Availability"、つまり、そこにその植物があり入手可能であるということである。

供給される草の量が減ってくると、食べる草の種類も変わってきて、それまで見向きもしなかった種を食べるようになるが、こういった知識は草地管理上重要である。

写真—22　シカの放牧（ブラッドゲート田園公園）

たとえば、イヌムギの一種のBromus erectusのような優勢なグラスを抑制する場合、短期間だけ密度の高い放牧を行うと、長期間低密度で放牧した場合には食べないこの草を、高密度短期間の放牧によって食べさせることができるからである。

なお、羊や牛の品種を選ぶことも大切である。しかし、その品種間における違いについて十分な研究がされているわけではなく、われわれの持っている知識のほとんどは、いくつかの例から得たものである。

羊の種類は山地型と平地型に分かれる。山地型の品種に比べて、最近品種改良された平地型は喫食方法がより選択的であり、自然保護管理の点から見れば平地型の羊の方がより管理しやすいようである。

たとえば、"ソーイ(Soay)"、"ヘブリディーン(Hebridean)"といった品種の羊は、木の芽を好むので草地に侵入する低木の抑制に役立つ。スコティッシュ・ブラックフェイス(Scottish Blackface)という品種は、特に粗大なグラス類を好んでたべる。ただし、この品種を囲いの中で飼育することは難しい。

したがって、英国では今のところ、保全的管理をするのにもっとも適した品種は、"ビーラー(Bealah)"や"ウィルトシャー・ホーン(Wiltshire Horn)"との交配種となっている。

牛と羊では食べ方に相違があり、牛の場合は舌でねじって植物を引っ張りとり、羊は前歯で少しづつかじりとる。したがって、牛と羊とでは植生に対する影響にも違いができる。

一般的に見て、大きめの草が生えている草地、また何年間も放置されたため草が繁茂して、改良を必要とする草地に放牧するには牛が適している。

放牧する品種により与える影響もまた異なったものになるという見地に立って、さらに研究を進めていくことが必要である。過去、育成された牛の品種で、成長が遅いため食肉生産に適さないということで敬遠されていたが、草地を保護・管理するのに有用であると見直された品種も出てきた。

【動物の踏圧と家畜の排泄物による影響】

　牛や羊は草地に小道をつくり、その道に沿って草を食べる。急な斜面では、牛の場合は侵食の原因となるので羊の方が適しており、また湿った沖積土の場合には、過度の放牧や踏圧によって土壌構造に悪影響を及ぼすことにもなる。そこで、乾燥期にだけ放牧するなどの制限も必要である。

　放牧する家畜の重要な役割は、草地生態系の中で栄養分を循環させることである。家畜の排泄物に含まれる栄養分は草地に還元されるが、その内容や量は家畜の種類や年齢、牧草の質、天候などに左右される。

　羊の集約的放牧をしている場合で、普通の放牧シーズン中に、尿12,000ガロン（約54,500ℓ）、糞2トンほどが生態系の中に還元される。窒素やカリウムは主に尿として、リンやカルシウムは糞で還元される。したがって、放牧地における栄養分の再分配に関しては、家畜の排泄パターンが重要な役目を担っており、普段、動物たちが排泄する辺りには粗大な植生が成立し、イラクサのような種が生育しやすいようだ。

【放牧のシステム】

　放牧のシステムにはいくつかパターンがあり、家畜を放牧するシステムによって草地の植生にも影響を及ぼすことになる。

　このシステムには、無期限な放牧、冬季放牧、春夏季放牧、また場所を移動しながらのローテーション放牧などがあげられる。

　このうちもっとも良好とされるのが"ローテーション放牧"である。このシステムは、あるエリア内の一定の場所で一定期間放牧し、また別の場所に移動するという方法で、特別の条件を要求する種が存在しない限り、この方法が草地の動植物相を多様化するのである。

　このローテーション放牧の目的は、予め設定した草地のそれぞれ違った生育段階を、各エリアごとに形成できるようにすることでる。放牧地をいくつかのエリアに分け、順番に放牧することによって、それぞれのエリアを構成する植物や動物の種類に違いが生じるようになる。

　さらに、家畜密度や放牧時期を調整して、侵略的で優勢なグラスが過度に増殖するのを抑制することができる。また、肥沃な土壌の場合、草地の管理は2～3年の短いローテーションシステムを採り入れるのがもっとも効果的だと考えられる。

　ただし、ローテーション放牧は時期、密度を調整しやすく、もっとも柔軟性のあるシステムである反面、水の供給、飼いば桶や柵の補充に経費がかかるという難点がある。

3. 刈り取りによる管理

放牧に対して、刈り取りには以下のような相違点がある。
① 植物種の選択をすることなく、一定の高さ以上のものは全て切り取られてしまう。
② 栄養分の循環について、放牧の場合は栄養分が動物の尿や糞といった形で生態系の中に還元されるのに対して、刈り取りにおいては栄養分が干し草という形で生態系の外へ出てしまう。ただし、刈り取った草の一部を残しておくことで、生態系の中に還元される場合もある。
③ 刈り取り機は家畜に比べ、踏圧の影響が少ない。

人力による刈り取りは、西ヨーロッパ、特にその山地帯の採草地の管理において伝統的な方法である。

作業の最適な時期は天候によって左右されるが、通常、6月中旬から7月下旬の間に行う。8月下旬には羊や牛を放牧するが、場所によっては2度目の刈り取り作業を行う。このような方法で管理されている採草地は植物の種類も豊富で、景観的にも優れて美しいものである。

今まで放牧により管理されていたところを刈り取りによる管理に変えるのは、特に面積の小さい自然保護地区では有効な手段だと言える。

そこで、刈り取りの時期や頻度が草地管理において重要な要因となってくる。石灰質の草地での刈り取りの場合は、羊の放牧による管理に代わる非常によい方法であり、刈り取りによって特定の種が絶滅するというようなことは起こらない。

春、夏、秋と、年3回刈り取りを行った実験区において、その群落組成は、1エーカーあたり3頭（7.5頭/ha）の羊を年間に6～9ヶ月放牧している草地と同等の結果を示した。

　自然保護に関連して草地管理の重要な点は、刈り取ったものを取り払ってしまうか、その場に残しておくかということである。刈り取りが与える影響については、栄養分を取り去ってしまうか、それとも生態系に還元するかの観点から考える必要がある。

　一般的な考え方としては、刈り取ったものは取り去ってしまう方が良いようであるが、植物の生育が貧相で生産力の低い土地では、草地の群落組成に不利な影響を与えないために、刈り取ったものを細かく砕いて、再びその土地に戻す方が良いと考えられる。

　現在英国においては、面積の小さい保護地区で刈り取りが盛んに行われ、刈り取りの機械も手押し式の小さなものから、トラクターの後ろに刃をつけたものまで多種多様である。

　以上、半自然の草地に生息する動植物を維持していくために、さまざまな管理の方法がある。いずれにしても、保護地区と畜産の放牧地・営農地とは目的が異なるので、それに適応した方法をとっていくことが重要となつてくる。

　ただ、草地に化学肥料や除草剤を使用することは、自然の生態系を破壊してしまうことにつながり、そのようなものは決して使用すべきでない。

自然保護地区の植生管理

VEGETATION MANAGEMENT ON NATURE RESERVE AND SIMILAR AREAS

　英国の自然保護地区は、その規模や所有権、あるいはそこに育つ植生の類型において、非常に多様である。英国では自然保護に関して責任を持つ公的機関の"Nature Conservancy Council"(現在、English Nature)は、約200ヶ所の自然保護地区を所有しおり、一部は借りているところもあるが、イングランド、ウェールズ、スコットランドにわたって広く点在している。

　これらの保護地区は『国立自然保護区(NNR)』として知られている。それぞれの自然保護地区は、その地域を代表する植生タイプの最も良い典型として選ばれた場所で、海岸の砂丘や海浜の湿地、高原の荒地、森林帯、いろいろなタイプの草地、例えば白堊の草地(Downs、ダウンズ)〈用語解説参照〉を含む石灰質タイプの典型や沖積平野の牧草地などから成っている。他に、低地植生のタイプとしては、酸性のヒースランドや泥炭地、淡水の湖沼がある。

　自然保護のボランティア活動に関しては、各県の『Wildlife Trusts(野生生物トラスト)』や、『王立鳥類保護協会』が著名であるが、これらの活動によって、2,000ヶ所以上の保護地区が広範囲にわたる植生タイプをカバーしている。保護地区における活動内容の詳細について明確にすることはできないが、それに代わって広範囲にわたって当面する問題に焦点をあて、数カ所の保護地区について紹介する。

1. 管理計画

　全ての保護地区に関しては、その規模にかかわりなく、管理計画を立てる必要がある。その管理計画にはいろいろな形式がある。たった一枚の用紙に活動の主要な目的は何であるか、そして、いかにそれらの目的を達成するかを記入した形式から、あるいは敷地の全ての状況、管理目的の詳細についてわかっていることが全て含まれる公文書に至るまで、いろいろある。

　英国においては、管理計画を作成するための理想的な様式を正式なものとするために多くの議論が行われ、また多くの時間が費されてきたが、未だに何が最も良いのかについてのコンセンサスは得られていないのが現状である。ただ、非常に心配なのは、計画立案にあたって多くの時間とエネルギーを費しながら、その実行の段階であまり時間がかけられないということが起こりうるという点であろう。

　その管理計画にはさまざまな情報が盛り込まれていなければならない。以下にその主要なものをあげてみる。
① 保護地区の位置、規模、所有権、そしてそれを購入、もしくは貸借した日付についての情報
② その敷地に対する科学的な意義や重要性など、入手した理由が明確に述べられていなければならない。そして可能であれば、その敷地内に出現する植物や動物の種類のリストを記録しておくこと。
③ 管理目標と、それを達成するための指示が明示されていること。

④ 管理にかかる費用と、だれが管理を行う上で責任を持つか。
⑤ どの程度の間隔で管理計画の再検討を行うか。

　目標の達成を評価する場合に、どのような基準を用いるのか、管理の有効性について監視するのにどのような方法を使うか、などが書かれている必要がある。この他にも、さまざまな要件が管理計画にはあるのだが、この5つの点は最低条件である。

2. 管理目標

　自然保護を行っていく上で、何を目標とするのか、またそれには何が必要であるのかといったことは、当然のことながら、それぞれの場所に応じて違ったものになる。その土地の所有権や土地利用の仕方によって、管理目標の第1番目のものと第2番目のものとは、明確に区別されなければならない。したがって、国立自然保護地区の主要な目標が、その保護地区内についての科学的・生態学重要性を高めたり維持したりすることであるのに対して、カントリーパーク（Country Park、田園公園〈用語解説参照〉）の主要な管理目標は、誰もが楽しめる施設を提供することであり、生態学的に見て興味深いものを維持することは二の次になる。

　土塁や古代の耕地システムを残しているような敷地では、考古学研究のためにその敷地を保護することが主要な目的となるだろう。そこで、考古学にとって重要な土壌断面を破壊するおそれのある低木やその根を取り除いてしまわねばなら

ない。ごくわずかな例だが、対象地の目的によって管理の違いは上述のように明白であるが、管理目標は極力その重要性に沿って順序づけることが必要である。ただ注意すべき点は、管理目標が多くなればなるほど機能と用途を調和させることが困難になってしまうということである。

　管理目標のタイプのひとつとして、草原の維持がある。それは特定の種に注意を払うということではなく、植物や動物の生態を全体的に豊かにすることであり、この管理形式は「生物全般を豊かにするために」の管理方式が、まず優先されるべきであろう。その他の目標としては、例えば強い競争力を持つ草が大量に生育しているような所では、できる限り多様な昆虫が生息できるよう、いろいろな植生構造を維持することであるかもしれない。

3. 管理上の問題点

　放牧や火入れによって維持されている植生においては、それらの作業を中止した場合、保護地区管理者が抑制しようとしているのと逆行する一連の変化が起きる。その変化とは、低木類の侵入であったり、粗大なグラスが増加して競争力の弱い種が減少したりすることで、次には腐植（植物の遺体）が蓄積して、それらが地表を覆うことによって競争力の弱い植物が枯れてしまったりすることである。

　このような問題点を、サセックス県のキングレイ・ヴェール（Kingley Vale）の状況を写真で解説してみよう。この生態的変化の観察は1954年に始まり、1973年に終了した。

自然保護地区の植生管理　89

写真—23　1954年4月．これまで50年間、ウサギの喫食によって草地が維持されてきた．
(写真—23〜27は、草地が放置されると、遷移によって次第に森林化が進む様相を示している．)

写真—24　1956年4月．1954年夏以降、伝染病によってウサギが死んでしまった．
草丈が高くなっていることに注目して欲しい．

写真—25　1964年4月．ウサギが姿を消してから8年．かん木や粗大な草が侵入．

写真—26　1967年4月．ウサギが姿を消してから11年．道は通れないほどになってしまった．

写真—27　1973年4月．ウサギが姿を消してから17年．草地は完全にかん木、樹木、粗大な草にとって代えられた．これ以後、定点からの撮影は不可能になる．

注）
1950年代、英国に持ち込まれた伝染病ーウィルスによるMyxomatosis（粘液腫病）ーによって、90％以上のウサギが死んだといわれる。そのため、彼らの仕事 "いたずら" である表土のスクラッチングや穴ほりが中断された。その結果、人間を除いて最も重要なランドスケープ形成者として維持してきた英国の広大な草地、ヒース地帯、砂丘地におけるサクセッション（遷移）が急速に進み、特にマツの侵入による森林化によって、その地域の鳥相まで変えてしまったとの報告もみられる。現在は、伝染病の終息によってウサギの生息頭数は回復している。

ここではウサギの生息によって草原の樹林化が阻止されている。写真—23は1954年に撮影したもので、写真—24は2年後の同じ場所である。この変貌の原因は1955年、伝染病の蔓延によってウサギが大量死(注)してしまい、その1年後にはこのような姿になってしまった。写真—25は10年後のようすである。10年間の間、放牧が行われなかったために、このように草が伸びている。その13年後の1967年になると草丈はさらに伸び、低木が侵入してきているようすがわかる（写真—26）。さらに、1973年には丈の短い草地はなくなり、ほとんど低木によって占められてしまった（写真—27）。このように、1954年に草地だったところが、ウサギが死んでしまったあと放置しておくと、2年後（1956年）、10年後（1964年）、13年後（1967年）、19年後（1973年）の写真に見られるような変化が起ってくるのである。

また、ヒースの茂った草原でも羊の放牧が中止されたり、ウサギが生息しなくなってしまうと、カバやマツなどの高木や低木が侵入してくる。その他にもヒースの草原にはいくつかの問題があるので、少しふれてみよう。
　① グラス類が増えることによってヒースが減少
　② 地衣類、それからコケ類の種の減少
　③ ワラビの増加
　これらの問題点について、研究者は多くの調査をしてきたが、考えられる要因としては、次のようなものがある。
　ひとつは、放牧や草刈り、火入れ、そして芝生のはぎとりなどを怠たり、管理が十分でなかったこと。次に、大気中の窒素濃度が増加したことが考えられる。
　そこで、なぜこの問題がそんなに複雑かということだが、英国ではこの20年間にヒースが減少して、草原がカルーナ・ブルガリス (Calluna vulgaris；ヒースの主要構成種のひとつ) に取って代わるようになった。これは、前で述べたように、大気中の窒素濃度の増加が原因となっている。問題の窒素だが、大気中に含まれる普通の窒素のことではなくて、亜硝酸態やアンモニア態の窒素のことである。大気中の窒素の固定が年間10kg/ha位であったのが、今では45kg/haにまで増加していて、多いところでは80～100kg/haという数値も出ている。英国では、少ないところでも15～20kg/ha位と記録されている。この窒素濃度には深く関心をもっているところで、今まで窒素分が少なかった半自然草地においてその固定量が多くなることは重大な問題となってくる。
　10ヵ所の調査地について、1983年～91年にかけてのデータの中から、カルーナの変化について見てみよう（表―2）。

表—2 ワラビの出現するヒース地におけるカルーナ（Calluna）に関する保全的評価
— 1983年と1991年に調査 —

カルーナの状況	調査地	遷移上の問題		
		ワラビ	イネ科	かん木
① 広い面積にわたって良好	Berners	−	草丈が非常に低い	−
	Horn	−	低い	局所的に
② 退行しているが、なお存在している	Grimes Graves	＋	±	＋
	Stanford PTA	＋	±	＋
	Thetford	＋	±	＋
③ 再生が悪い	Brettenham	＋	±	−
	Tuddenham	−	±	＋
④ かなり枯死	Weather	−	±	−
	Cavenham	＋	±	＋＋
⑤ ひどく枯死	Knettishall	＋	＋＋	＋＋

注：＋＝出現；＋＋＝かなり出現；−＝出現せず；±＝現状のまま

　ワラビの侵入があるかどうか、また特にイネ科の草本や低木類の侵入があるかどうかについてみてみる。これらの地域のどこでもそうだが、通常20kg/ha位の固定量なのだが、①と②についてはカルーナが良好に維持されていることがわかる。次の③だが、先の2ヶ所に比べると状態は悪くなっているものの、カルーナは残っており、またワラビやイネ科の草本や低木類の侵入もみられる。最後に一番下に出ているところでは、カルーナはほとんど死滅してしまい、ワラビが生えて他のグラスもかなり侵入してきてヒースから草地に変貌し、低木も侵入している。④はその中間といったところだが、カルーナはかなり貧弱になっていて、⑤では死滅しているのがわかる。そしてワラビやイネ科の草本、低木が侵入してきている。

　次に、窒素が植物にどのように影響しているのかを見てみ

ることにする。窒素が多くなるにつれて、植物はかなり傷みやすくなる。また、ワラビなどが侵入してくるのは、管理の仕方が変わってきているからで、つまり窒素条件があまり変わらない場合でも、管理条件によって植物相が変わってくるということなのである。

　窒素固定量の増加と植物の因果関係のメカニズムは複雑である。この窒素の場合は固定量が増えることによって、植物の葉に窒素養分が固定されて植物体内の窒素含有量が増加する。その結果、病気にかかりやすくなり、また耐寒性がおちて霜害を受けやすくなってしまうようだ。さらには、養分、特に炭水化物の貯蔵場所が変わったりするといった変化も起きることが知られている。また、根の方へ炭水化物の供給量が減り、成長を阻害したりする。また、主にマメ科の植物においては、菌類の活動が活発になり、そのために窒素以外の養分、例えばリン酸などの吸収量が減少するといったことが起こってくる。その他にもいろいろな現象が見られるわけだが、大気中の窒素一つをとっても、その量が変わっただけで、生態系に及ぼす影響は非常に複雑であることが理解できたと思う。

4. ヒースランド管理

　ウサギなどの生息によって低木や高木の侵入が阻止され、ヒースやイネ科の草本が増えてくる。そのためにいろいろな研究が必要になってくる。そこで、ブレックランドで筆者が行っているヒースランドについての研究を紹介しよう。

ドーセット県のヒースランドがさまざまな開発によって断片化されて困っているのだが、そこで、どの場所を回復すればよいかを調べるために、地理情報システム（GIS）を使っている。また、ワラビの繁殖を抑えるために刈り込みを行い、アシュラムという除草剤をまいたりする試験を4年間にわたって行っている。

　ドーセットとブレックランドでは、ヒースを復元するための実験を行っている。それは農業用地におけるヒースランドの保全が必要になってくるからである。それから、効果的な刈り込みについても考えなければならない。それは、物理的に刈り取ることや、除草剤を使用することなど、技術的な組み合わせにならざるを得ない。草地では除草剤を絶対使ってはならないと強調したが、ヒースランドにおいては、アシュラムといった除草剤を使うことも場合によっては必要になってくる。

　また、ワラビを取り除くかどうかということも約20年にわたって研究してきた。そこで得られた結果について以下にまとめてみる。

　ワラビは、刈り込みを行うだけでは根絶させることはできないということで、そこでアシュラムという除草剤を使用することになる。これは非常に有効で、99％のワラビを除去することができたが、散布をやめると、また急にワラビが侵入してくる。ただし、この除草剤を2回散布してもあまり効果はなく、費用がかかるだけなので、1回の散布で十分だということもわかった。ワラビを除去したあとにヒースがどのように復活するかだが、2カ所での実験結果から見ると、例えばエリカやカルーナといった種の供給源が近くにあることが

重要になってくる。そして、ヒースの植生がきちんと戻ると、ワラビが侵入しにくくなる。

このことから、ワラビの除去は短期間にはできないということがわかるのだが、短絡的に対処するのではなく、長い時間を要する連続的なプロセスとしてとらえるべきだろう。すなわち、それだけを一つの問題として考えるのではなく、植生管理全体の中の一部として考えるようにしたいものである。

保護地区域内での保全活動とその問題点について述べよう。

ウィルトシャー県にあるポートン・レンジス(Porton Ranges)という国立保護地区である。ここはかなり広い石灰質の草地で、軍の演習場として利用されている。筆者たちの研究から

写真—28 土壌が浅く貧養性のところで、草地の植生を維持するためには、ウサギだけでたくさんだ。（ポートン・レンジス；ウィルトシャー、1974年4月）

わかった点は、苔類などが生えているが、これらの苔類は窒素分の低いところで持続できることである。そして、このユニークな群落を維持していくためのひとつの方法は、毎年小面積を耕起してやることである（口絵⑤参照）。

　次の、ベッドフォードシャー県にあるノッキング・ホー（Knocking Hoe）という自然保護地区は、国立の自然保護地区として規模は小さいほうだが、8haほどの広さがある。そして、ここも多少なりとも問題を抱えている。このあたりは石灰質の草原で、多くの種類の草が生えている。これらを管理するためには適切な管理方法を考えなければならない。問題点は、西洋アブラナや麦などの農作物が近くで栽培されていることと、草原の中で家畜が放牧されていないということで

写真―29　ノッキング・ホーの保護地区内に設けた刈り取り実験区

写真—30　ウサギが余り多すぎると、植生を破壊することもある．チョーク質が白く露出してしまっている．国立自然保護地区：ノッキング・ホー（ベッドフォードシャー、1990年5月）

　また、場所を区切っていろいろな頻度で刈り込みを行った実験によると、適度な回数で刈り込むことによって良好な草地が維持されることがわかる。

　ここは、多くの種類の植物が見られる草原地帯で、1haあたりで40～45種の植物が生えている。ただ、そこでは簡単な解決策は見つかっていない。

　これは、前述したようにウサギが過度に増えすぎて、石灰岩がむき出しにしてしまったところで、このようにはなってほしくない。

　サセックス県にあるラリングトン・ヒース(Lullington Heath)保護地区は、150ha程度の広さである。放置されていたため、

写真―31　国立自然保護地ウッドウォルトン・フェンで牛の重量測定（1965年2月）

ハリエニシダなどが侵入してきたが、自然保護団体によって除去作業が行われるようになった。

　湿地帯を中心としたウッドウォルトン・フェン（Woodwalton Fen）という国立自然保護地区は、約300 haの面積を持っている。水面の高さを保つためにポンプで川から水を汲み出しているのだが、上流に農耕地があり、この水には窒素が多く含まれているかもしれず心配でもある。ヨシ原は、3～4年に一度は刈り取って焼かなければならず、それは鳥類にとって良好な生育環境を造るためで、火入れや、ヨシ焼きをする必要がでてくる。さらに、土壌生物を繁殖させるために土を裏返してフィートの面を出すようにもする。

　野生生物保護基金によって管理されているある保護地区では、毎年1回は刈り取りを行わなければならないのだが、面

積が約 0.7 ha と小さいので、刈り取りの道具を搬入するのが大変難しいという問題がある。しかし、とても魅力的な草原なので、なんとか代替案を考えて、植生管理を行わなければならない。

　さまざまな資料から、これらの地域の植生管理がいかに重要であるか、理解できたと思う。管理というのは一般的なことでもあるのだが、それぞれ地域ごとに固有のさまざまな問題を抱えているのである。

種の保護と「種回復計画」

SPECIES PROTECTION AND THE SPECIES RECOVERY PROGRAMME

1981年に、『野生生物および田園地域法』が制定された。この法律では、英国内の野生植物および野生動物の保護を規定している。他のヨーロッパ諸国でも同じような法律が制定されている。また、私有地において、その所有者の許可なしに植物を掘り起こしたり、根こそぎにすることは違法であると定められている。しかし大きな欠点は、自分の所有する土地であれば、特別保護種に指定されている約350種の植物は別だが、掘り起こしたりして植物を壊滅させたりしても、何ら罪に問われないことにある。

実際、この法律があるものの、植物を掘り起こしたことで訴えられることは希である。それでも最近は、森の中のプリムローズ（サクラソウ類）を掘り起こしたかどで、告発される件数が多くなってきた。しかし、それに科せられる罰金はごく僅かである。

英国には稀少植物が約350種あって、それらは特別な保護下におかれている。どのような基準で稀少種を定めているかというと、種の出現する10kmメッシュ数が15個以下を基準としている。ちなみに、英国には10kmメッシュが2,000個以上あり、これらの稀少種は「レッド・データ・ブック」に登録されている。この本の中で、特に稀少とされる約90種類の植物については、掘り起こすことはもちろん、花を摘んだり、また種子を採取することも禁じられている。この法律を

犯した場合は、最高1,000ポンドの罰金を科すことができる。

　植物保護とは別に鳥類を保護するための法律もあって、これは厳重に運用されている。『王立鳥類保護協会』には、鳥の巣から卵を捕ったり、巣から猛禽類のひな鳥を捕獲したり（鷹匠などに売るために）する行為を防ぐための活動にかかわっている部門もある。もし、卵を所有しているところを見つかった場合には、警察の手によって家宅捜索を受け、その結果として集めた卵は没収されることになっている。それに加えて、かなりの罰金を払わなければならない。

1. 監　視

　『王立鳥類保護協会』は猛禽類の巣、特にハヤブサ（Perigrine Falcon）やミサゴ（Osprey）の巣が壊されたり、盗られたりしないよう保護するために、高度のシステムを使用している。すなわち、赤外線警報装置などを使って鳥の巣を守るのである。特に、金銭的価値が高いとされる種のひな鳥を盗んで、商業上の取引、特に中東地域との取引に利用しようとする人々がいるが、見つかって彼らは捕らえらた場合は、多額の罰金を払わされることになる。

　珍しい種類のランの生育地でも、花の咲く期間は掘り起こされたりしないように、保護活動が行われている。学生たちがしばしばこのランの生育地の監視に携わり、その価値ある仕事の見返りとして、僅かであるが報酬が支払われている。

2. 国際条約

『Convention on International Trade in Endangered Species of Wild Fauna and Flora（CITES、絶滅危惧種の取引に関する国際条約）』については、英国をはじめとする欧州諸国の大部分は、絶滅の危機にさらされている稀少種の貿易を中止することを目的とした、この国際条約に調印している。われわれは、この条約を真剣に受け止め、そしてそれが守られるようにしていかねばならない。近年、タイ国から不法輸入されたランが、ロンドンの空港に着いた時点でチェックを受けて没収され、輸入業者には2,000ポンド以上の罰金が科せられたと報じていた。

ただ、輸入される植物が何であるかを間違いなく同定しなければならず、この国際条約を執行するにあたっては、困難を極めることがしばしばある。特に難しいのは、トルコの原野で収穫されて、園芸上の取引を通じて英国にたどり着いた、ラッパスイセンやチューリップ、シクラメンといった球根の場合である。何とか水際で防げないものだろうか。

3. 種回復計画

1990年に『NCC（自然保護委員会）』は、「野生生物および田園地域法」（1981年）の別表5と8とに記載してある全ての稀少種の現況が、どうなっているのか調査を行った。分布・生態・状態・管理のために必要な条件などを調べることで、

各々の種について、ならびに回復計画についての総体的な原理が明らかにされたのであった。すなわち、それぞれの種についての回復目標が提示され、またその目標を達成するために必要なものが何であるかを、科学的情報と費用の両面から示した。

この計画は、1973年にアメリカ合衆国で「絶滅危惧種についての法律」に基づいて始まった回復計画を手本にしている。合衆国では、約549種がリスト・アップされていたが、その中で回復計画が認可されたのは約半数に過ぎず、保護を必要としない程度にまで回復したのは、わずか5種に過ぎなかった。

1973～87年の間に、549種のうちの80種についての絶滅が発表され、さらに170種についても絶滅は免れない状況となった。目下、アメリカ合衆国は、この計画に対し、約3,500万ドルの巨費を投じている。これには、既に回復を遂げた種を監視する、モニタリング費も含まれている。

英国の回復計画は1991年5月に始まったが、かなり控えめなもので、指定されている保護植物と鳥類を除く保護動物に限られている。なぜ鳥類が外されているかというと、鳥類の保護については『PSPB（王立鳥類保護協会）』の協力を得た別の計画に組み入れられているからであった。1992年に『NC（自然保護庁）』は、回復計画に10万ポンド使い、翌93年にはその倍額を充てるようになった。

4. プロジェクトと種の選定基準

　多大な時間と労力を費やして採用・実行すべき計画や、保護していくべき(生物の)種を選ぶにあたっての基準について議論が行われてきた。何を最も重要な基準とすべきかについては、特に大きく意見が分かれた。そこで、重要な基準として選ばれた6つの項目を次にあげてみる。

① 絶滅の危機に直面していて、特にその種が急速に減少している地域においては、緊急の措置を要する種であること。

② ヨーロッパ全体から見て、稀少種であること。

③ 『English Nature(旧：自然保護庁)』が、国際的な責任をもって管理しなければならない種であること。たとえば、その土地固有の種で、かつヨーロッパ各国の法律にもリスト・アップされている種であること。

④ 他の種に対しても利益となるような種についてのプロジェクト。たとえば、特殊なライフスタイルを典型的に示す種であること。

⑤ 植物群落の管理に洞察を与えてくれるようなプロジェクトであること。

⑥ 世論や行政官に影響力を持つような、著しく目立つ旗艦的種であること。たとえば、植物ならラン、動物なら優しくてかわいらしいイメージを与えるものがこれにあたる。

【1992年および93年の研究に選ばれた種】

Plants；植物
　Ribbon-leaved Water Plantain（*Alisma gramineum*）
　　　　　　　　　　　　　　　　　　　サジオモダカ属
　Fen Ragwort（*Senecio paludosus*）　　ノボロギクの仲間
　Strapwort（*Corrigiola litoralis*）　ナデシコ科コリギオラ属
　Plymouth Pear（*Pyrus cordata*）　　　　　　ナシの仲間
　Starfruit（*Damasonium alisma*）　カワオモダカ科ダマソニウム属
　Rough Marsh-mallow（*Althaea nirsuta*）　　タチアオイの仲間
　Lady's Slipper Orchid（*Cypripedium calceolus*）　アツモリソウ属
　Stinking Howk's beard（*Crepis foetidus*）　フタマタタンポポ属

Animals；動物
　Lagoon Sandworm（*Armandia cirrhosa*）
　　　　　　　　　　　　　　　底棲性ゴカイの一種（多毛類）
　Fen Raft Spider（*Delomedes plantarius*）　ハシリグモの一種
　Wart-biter（*Decticus verrucivorus*）
　　　　　　　　　　　キリギリスの仲間でカラフトギスの一種
　Field Cricket（*Gryllus campestris*）　　欧州クロコオロギ
　Large Copper Butterfly（*Lycaena dispar*）　　チョウの一種
　Large Blue Butterfly（*Maculinea ariomides*）オオゴマシジミ
　Dormouse　　　　　　　　　　　　　　　　ヤマネの仲間
　Red Squirrel　　　　　　　　　　　　エゾリス（キタリス）
　Natterjack Toad　　　　　　　　　　　ヒキガエルの一種
　Essex Emerald moth　　　　　　　　　　　　　ガの一種
　Reddish Buff moth　　　　　　　　　　　　　　　〃

5. 種の回復計画事例（1）

Fen Ragwort (*Senecio paludosus*) の回復計画の目的は次の4点である。

① その植物について、生態学的な必要条件を正確に確認すること
② 自力で持続する個体群が回復するための2つの用地の適性をアセスすること
③ ケンブリッジシャーとサッフォークシャーにおいて、少なくとも50個体からなる、2つの個体群を回復させること
④ キュー・ガーデンと連携しながら種子を収集し、将来的

写真―32　Fen Ragwort(*Senecio paludosus*). 英国における唯一の自生地、ケンブリッジシャーのイリー付近の溝に生育

に実際の計画や教育的な面、あるいは研究調査の用途に備えること

【来歴と状態】

　本種は昔、イングランドの4つの県に生育していたが、排水土木工事の結果として、1857年に絶滅してしまった。その後1972年に、イングランド東部のイリー (Ely) という町の近くにあるStuntneyと呼ばれるところで、丈の高い植生に混じって、堀割のわきに生育しているのが再発見された。その場所は、典型的な沼沢群落 (fen ditch community) で、何ら特別な種を含んでいるわけではなかった。Fen Ragwort〈用語解説参照〉の生育しているところは、pH 8.3のシルトの多いローム土壌で、堀割の底から約10cmの高さのところで生育していた。その堀割は、冬の間は水が一杯にたまっているが、夏になると乾いてしまう。

　ひと塊にまとまって生育する植物の個体数は、1972年の5個体から、1984年の82個体にまで回復している。

　筆者は1992年に、*Senecio paludosus* (Fen Ragwort) がどのような条件のもとに生育しているのかを調査するために、オランダとドイツを併せて13カ所を訪れることになった。そして、それは実にさまざまな状況下で生育していたのを見ることができた。たとえば、ライン川の土手のような開放的な場所、種の豊富なフェン群落 (沼沢群落)、牛を放牧しているフェン群落といったようなところで、その植物は丈の高い植生の間に生えていて、周りの植物にも負けないくらい生育しているように見えた。

【種子の生産】

イリー付近のFen Ragwortは、ほぼ毎年7月に花を咲かせる。筆者たちは花の集まった花穂部を数えるとともに、それぞれの花からどれぐらいの種子を得ることができるかを調べるために、各花ごとの種子数を数えたのだった。

そこから、各個体は約4,000個の種子をつくることが可能だということがわかった。そして、それぞれの穂先に種子の実らないものの割合はいろいろだったが、一般に高いこともわかった。また、穂先35サンプルについて調べたところ、種子の実るものはわずか9％に過ぎず、結実率が低くなる要因として考えられるのは、花粉媒介昆虫がいないこと、また花粉管の成長に必要な夏期の気温が十分に上がらないことなどである(*Cirsium acaulon* − Stemless Thistle(ノアザミの仲間)と比べて)。種子の生産について英国内と欧州大陸とで個体群の比較をしてみると、大陸の方が生産性の高いことがわかった。

《発芽》よく結実した種子は、20から25℃で約50％のものが17日ぐらいで発芽する。

《生育》英国の個体群から採取した種子を使って、1992年の秋に標準的な園芸的手法を用いて生育に成功した。1993年には、ウィッケン(Wicken)とウッドウォルトン(Woodwalton)の沼沢地にそれらを移植して、その成長のようすを観察してきた。

筆者たちの行った調査に基づいて、英国における*Senecio paldosus*保護計画に関して提案してきた。

写真―33　野外に移植される前の Senecio paludosus の実生

写真―34　ケンブリッジシャーの Wicken Fen に移植された Senecio paludosus.
　　　　　このほか4ヶ所に再生された.

6. 種の回復計画事例（2）

Ribbon-leaved Water Plantain（*Alisma gramineum*）は、全世界に分布している水生植物のひとつで、1991年には、ブリテン島ではわずか1カ所だけにしか生息していないと考えられていた。

この植物についての研究目標を次にあげてみる。

① ウォーセスターシャー（Worcestershire）で唯一現存する敷地において、少なくとも200個体からなる個体群を維持する。

② その地域の水質の状態を分析する。

写真―35 *Alisma gramineum*の英国内の4ヶ所の自生地の一つ

③ ケンブリッジシャー（Cambridgeshire）とリンカーンシャー（Lincolnshire）の中で、以前生育していた2つの場所か、それにできるだけ近い場所に少なくとも50個体からなる個体群を移植し、それらが自生できる環境を整える。

研究を始めて1年目に、この種がかつて生育していた古い地区を調査した。そして、その中の1地区でこの植物を発見したのである。したがって、ブリテン島では2カ所においてその生育が認められたことになった。

この植物は、1920年にDroitwitchのウェストウッド・グレート・プール（Westwood Great Pool）で発見されて以来ずっと、その地域ではよく知られていた。それは、おそらく水鳥の渡りの際に鳥の体について運ばれてきたものと考えられる。なぜ、他の土地に広まることがなかったのかについては解明されていないが、多くの水草の特徴と同様に、年によって相当に変動する種であることを示している。

【生育地の必要条件】

ウェストウッド・グレート・プールでは、*Alisma*は湖の中に生育しており、水深は15〜33cm、pH 7.5の細かいシルト状の土層のところであった。この植物は、有機物が沈殿しているところには生えない。主な生育地は2種類あり、そのひとつはオープンな水面を持ち、珍しい水中植物である*Elatine hydropiper*と、*Chara* spp.と共生しているもの、もうひとつは沼沢でのヨシ群落のヘリのあたりにReed mace ガマ（*Typha latifolia*）や*Eleocharis palustris*（コツブヌマハリイの一種）の植分に混じって生育している。

*Alisma*が生存し続けるには、種子生産が決め手であるので、そのためにランダムに選んだ個体について、種子数を数えることで評価した。その結果、各個体がつくりだす種子数は平均約7,869個であることがわかったので、ウェストウッド地区における種子生産は57万個と見積もることができた。しかし、1992年と1993年には種子の数はさらに少なくなってしまった。

　同様にドイツとオランダで*Alisma*の生育地を訪問した。データは、オランダのDooijersluisという地域における種子の生産を示すもので、このデータによると、種子の生産はオランダでも英国の個体群と同じような状況を示していることがわかる。

写真―36　ライン(ドイツ)河辺で生息していた *Alisma gramineum*

【種子の散布と発芽】

　種子の散布は8月の終わり頃から始り、果実は水に浮かんであちこちに分散していく。種子は水鳥の足についたり、また多くは鳥に食べられることによっていろいろな場所に運ばれるが、鳥に食べられた種子が排泄されたときに、まだ発芽能力を保っているかどうかはわかっていない。

　Alisma の種子は、外側の果皮と内側の種皮の双方によって保護されている。ふつう、果皮は水生のきのこ類（菌類）などがすみ着いたり、無脊椎動物が食べたりすることによって徐々に分解されるのだが、この種子は水の底に沈んで、長年の間そこにとどまっていると考えられる。果皮が朽ちて種子

写真―37　野外への移植前の実生の幼植物

が流され、適当な土層に辿り着くと発芽して個体として生育する。湖の中で突発的に生育することがあるが、それはこのような理由からである。

研究室での実験によると、発芽するのは果皮が取り除かれ、内側の種皮も破れてからということが明らかになっている。

植物は水槽の中で種子から育ててきたが、発芽した後、生育させるために種子を入手するという問題があるので、このことを繰り返し行うことのむずかしさが明らかになってきた。また、水槽の中や植物の葉に藻が発生してくるという問題もある。

稀少種を、かつて自生していた土地に戻すには、その植物についての生物学的知識を、前もって十分に身につけておくことが必要となる。それは、実験室での研究結果をもとにしながら、さらに詳しい研究を野外において行ってはじめてなし遂げられるものなのである。しかも、それができたとしても、もしその植物が野外で時折にしか起こらないような必要条件を、例外的にしか求めていなかったとしたら、いかに難しいかということがわかるであろう。そのような問題を、*Senecio paldosus* と *Alisma gramineum* についての研究が示してくれている。

ワイルドフラワーの草地造成と
生態学的管理

CREATION OF WILDFLOWER GRASSLANDS AND THEIR ECOLOGICAL MANAGEMENT

　自然の植生に対して、景観的・審美的な観点から興味を持つということは、決して最近始まったことではない。英国においては、18世紀頃から造園家たちが自然景観の保護を唱えてきた。

　一方、生態学者や博物学者等は、動植物の自然で多様な生息地について、常に熱心に研究を重ねてきた。しかし、完全に生態学的な植生や群落を再生しようとする試みは、実はごく最近に始まったことなのである。

　住宅、工業、農業などの用地として、土地に対する需要が驚くべき早さで増加したことによって、半自然植生が急速に破壊されたことが明らかになったため、「生息地(habitat)をつくる」ことの必要性が高まってきた。それ故、かつてあった状態に近い「新たな」半自然植生をつくることで、失ってしまった植生を補い、環境を改善できるという考え方が生まれてきても、そう不思議ではないと言えるだろう。

　筆者自身が、生息地の再生に興味を持つようになったのは1973年頃からで、当時は生物の種が豊富で、元来放牧地として利用されていた石灰質の草地を再生できるかどうかという実験にとりかかったところであった。それに続いて、重粘土質の土地に種子を播くという実験を始めた。このような実験を通して、生物の種が少ない土地で、種を多様化させる方法の研究へと続いていったのであった。

そこで、これらの実験から得られた結果がどのようなものであったか、また生息地の移転の試みについて紹介してみる。

1. 多様な草地づくりのための有効な方法

ワイルドフラワーの咲く草地をつくるのに、理論的には次の5つの方法が考えられる。

① 何もしないで放置しておくこと。そうすると、自然に植生が復活してくるわけだが、これは非常に時間のかかる方法で、実際何年もかかってしまう。それに、その周囲に種子供給源となる草地のあることが必要となる。実際問題として、英国ではほとんど実用化されなかった。

② ワイルドフラワーの種子を含む表土を使う方法がある。しかし、残念なことに表土には本当に欲しい種子は少なく、望ましくない雑草の種子が多く含まれていることが多く、この方法も実際にはあまり役に立たない。

③ 草地マットの移植の方法がある。ワイルドフラワーを含む草地を表土と共に移植する方法である。ワイルドフラワーの豊かな生育地で道路をつくるなどの改変が伴う場合、その場所から別の場所へ切り取って移植することが可能なわけだが、これについては後で解説する。

④ 予め用意しておいた苗床に、グラス（イネ科植物）とワイルドフラワーの種子の混合物を播く方法。この方法がもっとも効果が上がる方法で、これも後で説明したい。

⑤ 種類の貧相な現在の草地を多様化させる方法である。これについては2つの方法があり、ひとつは溝播きという方

法で、もうひとつはポットで育てられた植物を植え付ける方法である。

2. 種子による方法

前項の混合種子についてだが、植物の種を選ぶ際にどのような種がよいかについて、その基準として、8つ考えられる。
① 生態的にその場所の土壌条件、水分条件に適していることがもっとも大事な要件である。これは大変難しいことで、生態学的な知識が必要になってくる。
② 特殊なものでなく、どこにでも出現するような普遍的な植物を選ぶこと。なぜならば、土壌条件や水分条件は場所によって違うので、あまり特別な条件の制約を受けずに、広くどこにでも生育できる植物が好ましいからである。
③ 貴重な植物や、特別な地方にしか生育しないものは避けること。貴重な植物というのは生態学的に適応範囲が狭く、少しでも条件が合わないと生育できないことがよくある。
④ 多年生で寿命の長いものを使うこと。そうしないと、繰り返し種子を播かねばならない。
⑤ きれいな花が咲くものがよい。これは、人々が見て楽しむことができるからである。
⑥ 昆虫、特にチョウ類が集まりやすい植物であること。これらの昆虫もまた人が見て楽しめるという理由である。
⑦ あまり競争力が強くて侵略的な植物は避けること。強い植物が入ってしまうと、他の植物が衰退して多様性が失われてしまうおそれがある。

写真-38　道路沿いの石灰岩質の土手にワイルドフラワーの種子を実験的に混播.

写真-39　ポット苗を草地に植え込んでいく.
　　　　　特別の道具を使って、グラスと土を掘り取ってから移植する.

⑧ 種子が発芽する気温の幅が広いこと。そういう植物なら、時期にとらわれないで播種できることになる。

　造園家やその他の人々は植物の専門家ではない場合が多いので、特定の場所でどのような植物を使えばよいのかわかるように、小冊子のシリーズやその他の資料をつくってきた。ワイルドフラワーの種子を販売している業者も無料で相談に応じるといったサービスもしている。

　次に、播種床の準備の仕方を取り上げる。まず、種子などの混じらない良質の苗床を用意し、種子は広くばらまくか、筋播き機を使って播く。Amenity Grassland（アメニティ草地）〈用語解説参照〉をつくるような場合に比べて、種子の量はずっと少なくする。数字で表すと、$1m^2$当たりのグラス種子が2gとワイルドフラワーの種子が0.5g、合わせて2.5g位の量

写真—40　種苗業者が用意したワイルドフラワー種子の販売用冊子（1980）

で十分である。その土地を浸食から守るために、そしてなるべく早く植物で覆われるようにするために、早く発芽して成長するような種、"nurse crop（子守り作物）"、これを混ぜておく。その目的に使う種子は、"イタリアン・ライグラス（*Lolium multiflorum*）"という一年草で、$1m^2$当たり約1.5gを他と一緒に播く。nurse cropは1年しかもたないので、そのあとはゆっくり生長してくる多年草やワイルドフラワーがそれにとって代わるようになる。

3. モンクスウッド試験場での実験

　ワイルドフラワーを使った草地の試み、すなわち、2年前まで筆者の勤めていたモンクスウッド研究所で行った実験について説明してみる。

　この土地は重粘土質で、冬の間は水浸しになり、夏は乾燥してひび割れを起こす。つまり植物にとっては非常に不適な土である。そこで、1978年の10月にワイルドフラワーの種子を播いてから4ヶ月目のようすをみると、植生は三層構造になっていて、大部分は"nurse crop"のイタリアン・ライグラスが占め、下の層には多年生植物やハーブ類の芽生えが見える。この実験では種子の混合パターンを9種類設定し、それぞれ4反復した。種子の混合に使ったのは、イネ科の植物が1〜4種類、ワイルドフラワーが10〜13種類で、実験区は毎年1回、8月の終わり頃に刈り揃えて、刈りくずは取り去るようにした。種子を播いてから約1年後には、白い花と黄色い花の2種類が優占していて、他の花は見あたらなかった。

4年後の1982年の4月に咲いているのはCowslip（*Primula veris*；サクラソウの一種）で、夏のものとの違いがはっきりしている。

　6年を経た1984年の6月には、白い花もあるが、黄色のキンポウゲがずば抜けて目立っていた。これは湿気の多い冬が続いたためである。注意が必要なのは、毎年1回の刈り込みを行って、自然に枯れたものとともに取り去ることである。

　さらに2年を経た1986年の6月には、キンポウゲが非常に増えたが、白い花の方は数が減ってきた。ライフサイクルが、2～3年で種類が交替していくようすがわかる。その期間が経過したために数が少なくなったのである。

　1988年は、湿気の多い冬が続いたために、Yorkshire Fog（*Holcus lanatuo*；シラゲガヤ）というグラスが増えてきた。このような草地において、植物がどのような構成で現れるかは、時間の経過や環境条件の変化がもたらす影響などによって左右されるのである。したがって、混合種子を播いたところに将来どのような成果が見られるのかを予測するのは、非常に困難なことである。特に、長期的な予測は、一層難しくなる。

4. ワイルドフラワー造成のための干し草俵の使用

　次に、別々の種から採取した種子の混合とは全く違う方法について述べよう。

　いろいろな植物の種子を混ぜ合わせる方法はコストがかか

るが、以下に説明するのは、植物の種子が豊富な既存の草地から、いろいろな種子をまとめて収穫する方法である。これには、特殊な機械を使用する。草地から刈り取った干し草でつくった俵を調べてみたところ、21kgの俵の中には約50種類、数にして約40万粒の種子が含まれていることがわかった。それらを予め用意しておいた苗床に播いたところ、好ましい結果が得られた。

種子を播いてから2年後のようすをみると、自然の草地に生えていた種類のうちの、約50％の種類がこの中に含まれている。種子を播いてから4年経過した頃は、2年前にたくさんあった赤クローバーがほとんどなくなっていることがわかった。

この方法のメリットは、非常にたくさんの種類の種子を刈り込みのときに取り込んで、市販されていないような種も含めて草地を復元できることである。

5. スロット・シーディング

次に紹介するのは、イネ科の草本が大半を占めていて、ワイルドフラワーの種がほとんど無いような草地に、ワイルドフラワーの種類を多く定着させる方法についてである。

事前に何も準備をしないで、すでにできあがっている草地にいきなりワイルドフラワーの種子を播くというのは、成功しにくいように思われる。それは、枯葉などが地面の上に積み重なっているので、上から種子を播いても土壌に達することができずに死んでしまうことになる。たとえ運良く発芽し

たとしても、元来そこに生育している植物との競争に負けて、死滅するかもしれない。

この問題を解決するために、スロット・シーダーという機械を開発することになった。一般的に、除草剤にはパラコートを使用しているが、これは除草剤を帯状に噴出できるようになっている。写真—41でわかるように、左の方が帯状に枯れているのがわかるが、これはその機械で除草剤を散布したところなのである。

機械には、溝を掘るための刃と種子を入れておく箱がついていて、溝を掘りながら同時に種子を播くことができる仕組みになっている。これは、論理的には他の植物と競争をさせないということで、つまり雑草を取り除いた裸地に種子を播いて、イネ科の植物などが侵入してこない間に、ある程度の

写真—41　スロット・シーダー

競争力を持つ大きさにまで育ててしまうという方法なのである。

ここで、モンクスウッドの研究所で行った成果を紹介する。前述した方法で85年9月に18種類の双子葉植物の混合種子を播いた。1年後にはキク科のデイジーの花が見られる。

口絵—⑦は、播種から5年たった1990年のようすを示す。これを見ると花がすじ状になているので、どこに種子を播いたかよくわかる。すじからはみ出して、自然に増えているのも確認できる。この場所は、8月の末に高さ1cm位の低い位置で刈り込みが行われていて、刈り取ったものは取り除かれている。

このような方法で、イネ科の植物しかなかった草地に多様性を持たせることに成功したのであった。

6. ポット苗の移植

また別の方法として、ポットで育てた苗の移植について紹介したい。一般的な園芸の手法で自然の植物をポットで育てることができる。箱の中に約100個ずつの個体が入っているが、このようにして75種類ぐらいの植物を育ててみた。この写真—42は、種子を播いてから4〜5ヶ月経過し、すでに草地に植えるのには手頃な大きさになっている。写真—39で示したように、バルブ・プランター（球根植え付け機）か、または同じような機械で地面を溝状に掘り苗を植えていく。この方法は、傾斜地の向きや排水の点で微妙な違いがあるよ

写真―42　移植用ポット苗

うなところで植物を育てるには非常に適している。特に、採取できる種子数が少ない場合とか、目的とする植物の生育が遅く、実生の段階でまわりの植物に圧倒されるおそれのある場合に効果を発揮する方法である。

7. 修景的に利用された例

　造園計画の中にワイルドフラワーを導入した例について、いくつか紹介してみる。写真―43はハイ・グローブというところで、かのチャールズ皇太子の邸宅へと続くドライブ・ウェイである。この道沿いにワイルドフラワーが植えられている。皇太子は植物を広めることについて大変熱心な方で、宣

写真—43 チャールズ皇太子が田舎の邸宅へのアプローチに沿って播種して育てた草地

写真—44 高層住宅周辺のワイルドフラワーの草地（1987）

伝効果をもたらしてくれた。

　写真—44は逆に庶民の住んでいるところである。リバプール近郊の高層住宅の周りにワイルドフラワーを植えた例で、植えてから2年ぐらい経ったものである。住居のそばにあることの問題点は、中に人が入ってきて花を採ってしまったり、ゴミを捨てたりされることが起こりがちだが、高層の階からも見下ろすことができるので、住んでいる人たちには好評のようだ。

　英国でもニュータウンが次々とつくられてたが、そこでも盛んにワイルドフラワーが植えられ、住民に歓迎されている。さらに、花の蜜を求めて昆虫も飛来し、生物的多様化が期待されている。

　口絵—⑥は、学校の校庭にワイルドフラワーを植えた例である。最大の目的は、見て楽しめるということだが、学校での自然教育にも役立っている。

　前述の写真—38は、筆者の行っている道路際における実験の一つである。最近は、運輸省でもワイルドフラワーの管理には熱心になってきており、新たな道路を計画する際には、ワイルドフラワーを植えるようになってきた。そこで、建設技術の人たちのために、ワイルドフラワーについての手引書を作成し、活用してもらうことにした。

　都会でも田舎でも、住宅の庭にいろいろなワイルドフラワーが植えられ、それがワイルドフラワーを広めることにつながっている。

　写真—45は筆者の自宅の庭で、このようにワイルドフラワーをいろいろ植えて楽しんでいる。この写真—46は別の方向から撮影したもので、後で通路にするために刈り込んで

写真—45　自宅の庭でワイルドフラワーを楽しむ

写真—46　播種後3年たったラン

おいて、近くでワイルドフラワーを見て楽しめるようにしてある。

8. ハビタット移植

"Habitat Transfer" といって、植物の生息地をそのまま移植するという技術について述べてみる。

これは非常に新しい方法で、道路の敷設や石を切り出したりする際に、いままでなら破壊されてしまうような植生を、移植してでも保護するというものである。採石場では、現在は許可されないような場所でも、20〜40年位前には、草地を削り取っても罰せられることはなかったようだ。また、巨大な多国籍企業は、生息地の移植に対して多額の出資を行っている。積極的に環境保護に取り組んでいる姿勢を見せることで、企業イメージもよくなるからであろう。

現在のところ英国では、この生息地の移植についての計画が約50件ある。いくつか失敗したものもあるが、その他は大変好ましい成果をあげている。

そこで、筆者の研究所の卒業生が行ったものであるが、ヨーロッパ全体の中でももっとも大きいプロジェクトで、しかも成功したと言える例を紹介する。

ここで紹介するのは、イングランド北方のダーラムという地方で、その草地はある会社が所有していて、マグネシウムに富んだ石灰質の小さな土地である。

その敷地には、鉄鋼の製造に使われる鉱物の埋蔵物があるため、現在行っている採鉱作業を、貴重な植物のある所にま

で拡張する計画を立てていた。そこで、会社側は植生を移植することに合意し、そのための機械や作業を行う人員を提供することになった。

　以前から植生のあったもとのところをドナー・サイト、移植先をレシーヴィング・サイトと呼んでいる。そして移植が始まったのだが、合計8.5haの植生を移植するのに約7年かかってしまい、費用については会社自らの機械を使っても、1ha当たり約5万ドルを要したという。

　移植の方法に関しては、ドナー・サイトとレシーヴィング・サイトは約400m離れていて、まずレシーヴィング・サイトの土を50cmほど剥ぎ取って、ボロボロの下層土や岩の破片などを露出させる。そして、ドナー・サイトから切り取って、運べる量に応じて毎年少しずつ移植を行う。

　この時に使う機械としては、もともと採石場で使われていたものを利用するわけだが、特別にデザインされた移植用のアタッチメントを取り付ける。バケットの大きさは4.75×1.75mで、底の部分には補強板と片刃の刃先がついている。キャタピラー988という名称の機械で、この機械を使って植物を土ごと移植するわけである。

　アタッチメントを下げて切り込みを入れて、そのあと左の方から底を掬うようにして植生を切り取る。このようにして植物が生えたままの土を移植先へ運ぶわけで、移植先に運んできたものを順番に並べていく。

　最初の頃は、移植の間にすき間があったが、時間の経過とともに徐々に埋まっていく。ここでは毎年刈り込みを行っているが、移植してから1年後には、多くの種類の花が咲きそろった。

この場所については、移植後もずっと調査を続けており、その植生の構成は移植する前とほとんど同じであるということがわかってきた。無脊椎動物についても調査を行っているが、その数は季節によって変動が大きいので、さらに研究を続ける必要がある。

　最後に、植物の生息地をつくることについて、少しまとめておこう。

　生息地の創造は、今のところまだ研究が未熟で、これからますます研究を進めていかなければならない。ワイルドフラワーの草地をつくることについては、さまざまな方法を用いた成功例がいくつかあげられているが、確実に好ましい成果を得るためには、まだ研究実績を積む必要がある。生息地の移植については、まだごく初歩的な段階にあるわけで、植生を破壊から救うための財源が確保できる場合には、非常に有効な選択であると言えるだろう。

【追　録】

　ウェルズ博士の永年にわたる主要研究テーマの一つは、野生ランの個体群に関する生態的研究であり、それを日本大学における最終回の講義に披露された。

　内容は門外漢の私にも、とても興味深く、知的刺激に富むものであった。多分、野生ランに関心を持つ人にとっては貴重な参考文献になるのではないかと思う。

　しかし、8回までの講義の流れとは若干肌合いを異にしている内容なので、ここに「追録」として納めることとし、その方面に詳しい、米田和夫教授（日本大学）にお願いして翻訳の労を執っていただいた。　　　　（高橋）

ランのエコロジーと集団生物学

ORCHID ECOLOGY AND POPULATION BIOLOGY

　ラン科（Orchidaceae）は世界の顕花植物のうちで、最大の科（family）である。それは、少なくとも25,000種を含み、さらに15,000種以上のハイブリッドが人為的につくり出されてきた。

　種の膨大な部分は熱帯、亜熱帯の着生種で占められている。現在、これらの着生種は、ブラジルやコスタリカなどの多雨林の破壊が進み、驚くほどの早さで消失している。

　ランはさまざまな立地に生育している。それは熱帯林、常緑樹林、平地温帯林、草原、サバンナ、森林限界以上の高山、砂丘や乾燥域（砂漠以外）である。しかし、ランは塩性湿地、または水生植物として出現することはない。

ヨーロッパでは、ことにギリシアとスペインなど地中海沿岸域に約150種が集中的に見られる。英国には56種、日本ではおよそ100種、オーストラリアで800種以上みられる。

この種は魅力的な花、珍しいライフサイクルと稀少性のために、ランは保護論者の注目を引き、多くの種はヨーロッパ諸国で保存運動の重要な対象となっている。まさに、保存運動のパンダ的な植物になっている。

1. ランのライフサイクル

ランには魅惑的なライフサイクルがある。ランの種子は植物世界で最も小さい種子で、肉眼ではほとんど見ることはできないくらい小さい。このような種子は風で飛散する。1莢の中には膨大な種子数ができ、たとえば、1株のBee Orchidはおよそ2万粒の種子を形成し、ある着生ランは1株あたり

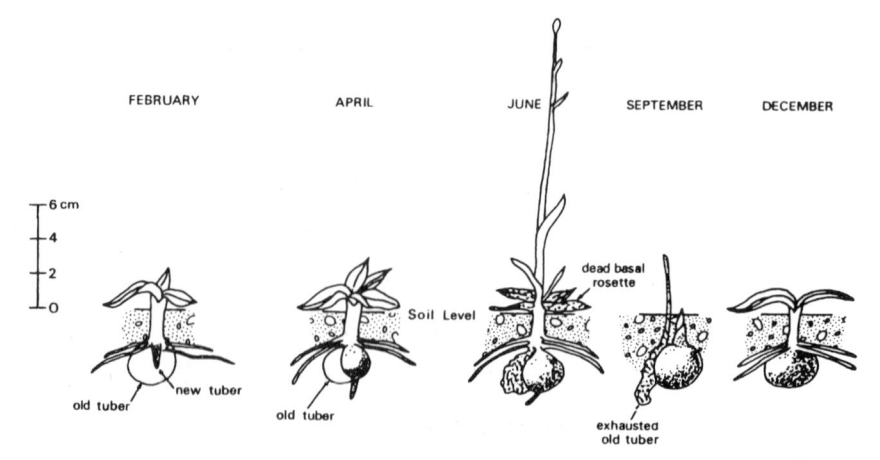

第1図　*Ophrys apifers*のフェノロジー；塊茎形成、出葉、発根および花茎の模式

100万以上の種子を形成すると推定されている（第1図）。

　種子の発芽は、特定のタイプの菌類と接触することによって始まる。温帯地方では通常、Rhizoctonia（Fungi imperfectiの仲間）であり、他のいくつかの菌も発芽に関わっていると思われる。

　Fungal hyphae は種皮に入り込んで、種子胚を刺激して細胞分裂を促し、結局プロトコームあるいは菌根系と呼ばれる細胞の塊を形成する。菌類はランの細胞に必須栄養素を供給する仕組みとなっていて、共生関係と呼ばれている。菌類はランの細胞の中で共生することで、得るものは何であるかについては議論の余地がある。ランは独立栄養を行うようになるまでは、地中で生活する。ランの種によって、この段階は2～15年続くのである。

　プロトコームは分割して生長し続けて、ついに塊茎となり、そして最初の緑葉が形成されて、地上に現れる。通常この葉は小さく、初めは線形の葉が形成され、一般に、これらの葉は温帯の地上ランの場合、通常一年生である。

　開花は、ランが一定の大きさに生長したときに始まる。Bee Orchidの場合、同僚の研究によると、個体がその年の早い段階で形成された葉数によって、開花するか否かを予測できることを明らかにした。たとえば、3月に5～6葉を形成した個体は開花するが、4葉では、60％しか開花しない。2～3葉ではめったに開花しない。すなわち、花が咲くことのできる個体は一定の大きさ、ないしは養分を体内に蓄積しなければならない。

　開花の後には、ほとんどのランは新しい塊茎を形成することによって生長を続け、枯死する個体の割合はわずかである。

ランの栄養繁殖法は、通常いわゆる「順送り的」に塊茎を更新する方法である。すべてが「順送り的」な塊茎更新によって栄養繁殖をしている。Musk Orchidは長いストロンの先端に塊茎を形成し、栄養が十分であると新しい植物は母本から離れて発育するようになる。栄養が不十分であるときは、塊茎には栄養供給が断ち切られて死んでしまう。

2. ラン群落の研究

(第2図～第6図)

【Musk Orchid (Herminium monorchis) の例】

(a) ヨーロッパと英国の分布

中央ヨーロッパを通り、南スカンジナビア、ペテルブルクおよび北部に広がり、シベリア、北中国および日本に及んでいる。南は北スペインおよびイタリアまでであり、英国では南イングランドに限られ、最北のところがベッドフォードシア県のTotternhoe Knollsとなる。ここに筆者の研究場所がある。

英国では、Musk Orchidはダウン地帯の低茎草地を好み、また古い石切り場に比較的多くみられる。ヨーロッパ大陸では湿っている場所、特に石灰岩性の放牧地に白亜層からの湧水が流れ出るところに出現し、また標高2,000mの場所でもよくみられる。

1. To document changes in the population.
2. To analyse the demographic behaviour of each species.
3. To obtain estimates of the longevity and survivorship of both cohorts and individuals.
4. To study the relationship between orchid performance and climatic factors, particularly rainfall and temperature.
5. To use the information gained from the population studies for site management to enhance or maintain orchid populations.

第2図　ラン群落の研究の目的

Species	Year study began	Site
Autumn Ladies' Tresses	1962	Knocking Hoe, Beds.
Man	1966	Totternhoe Knolls, Beds.
Musk	1966	Totternhoe Knolls, Beds.
Green-winged	1979	Upwood Meadows, Cambs.
Bee	1979	Monks Wood, Cambs.
Common Spotted	1989	Monks Wood, Cambs.

第3図　研究対象のラン

1. Individuals in each population were censused annually from fixed points using a co-ordinate system
2. More frequent (once a month) observations were made for 2 to 5 years to obtain information on the phenology and general biology of each species.
3. Destructive sampling was used with the Bee Orchid in 1982-84 to investigate tuber development and replacement and to find out more concerning inflorescence formation.

第4図　方　法

1. Plant present or absent.
2. State of plant - flowering or vegetative.
3. Number of leaves (for some species only); size of leaves for Bee Orchid.
4. As measurements of performance:
    Height of inflorescence
    Number of flowers per inflorescence
    (not *Herminium*)
5. Damage to leaves and inflorescences by grazing animals.
6. Other relevant observations *e.g.* leaf senescence, inflorescence abortion.

第5図 毎年記録される特性

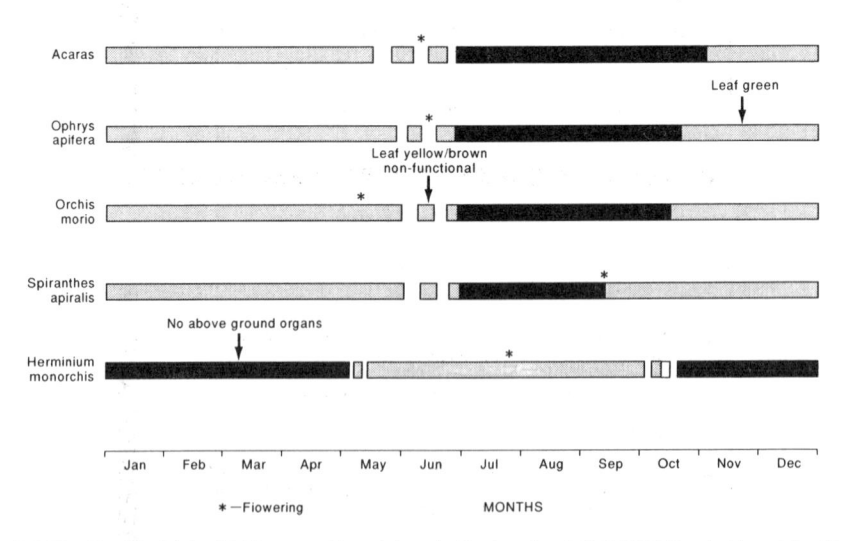

第6図 Bed fodshire県(*Aceras, Herminium*と*Spriranthes*)ならびにCambridgeshire県(*Ophrys apifera*と*Orchis mrio*)に自生している5種のランのフェノロジー

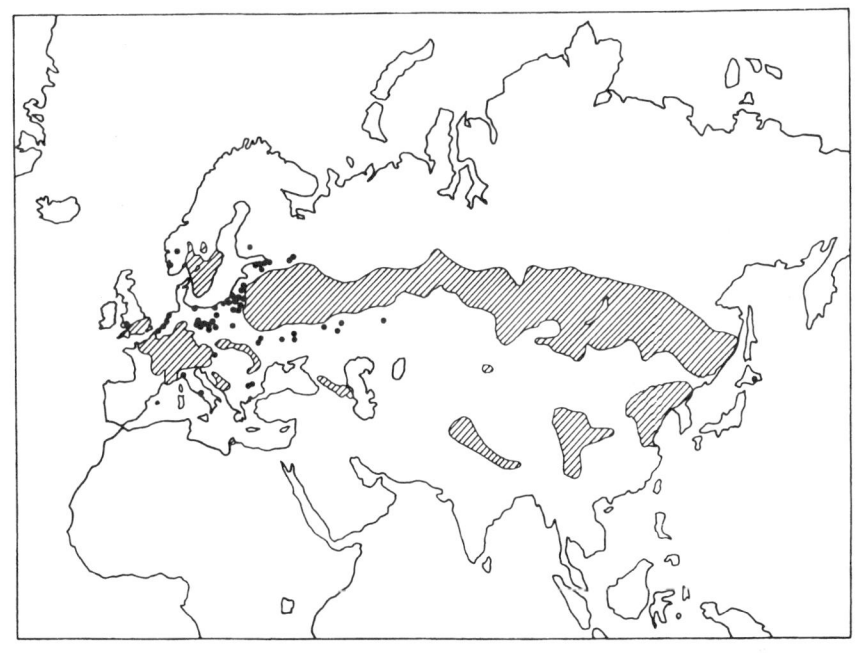

第7図　*Herminium monorichis* の分布

(b) 1966〜1990年における研究区画（444m²）内の開花株数および未開花株数の推移

はじめは全部で721株（うち、447株は未開花株、274株が開花株）であった。それが1968年には1,042株となり、1971年には317株まで減少した。その後、1974年1,185株に回復したが、再び減少してしまった。さらに、1977年には278株まで減少し、その後1988年に1,963株となって再び増殖し、1990年には280株まで減ってしまった（第8図、第9図）。

これは24年間の群落の変化を表したものである。しかし、内部変動が解らないので、別の方法で調べなければな

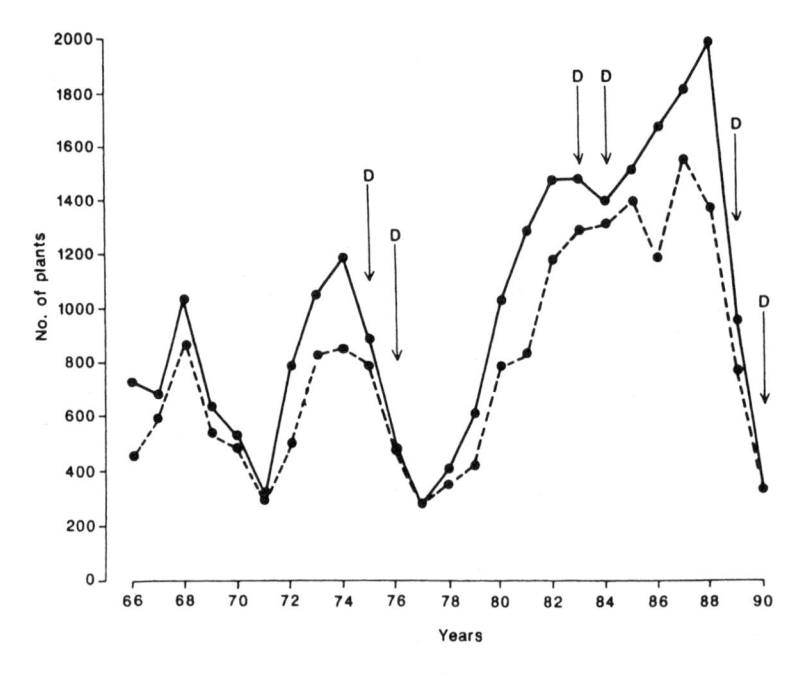

第8図　1966〜1990年間における444m²でのMusk Orchidの開花個体数と未開花個体数の年次別推移

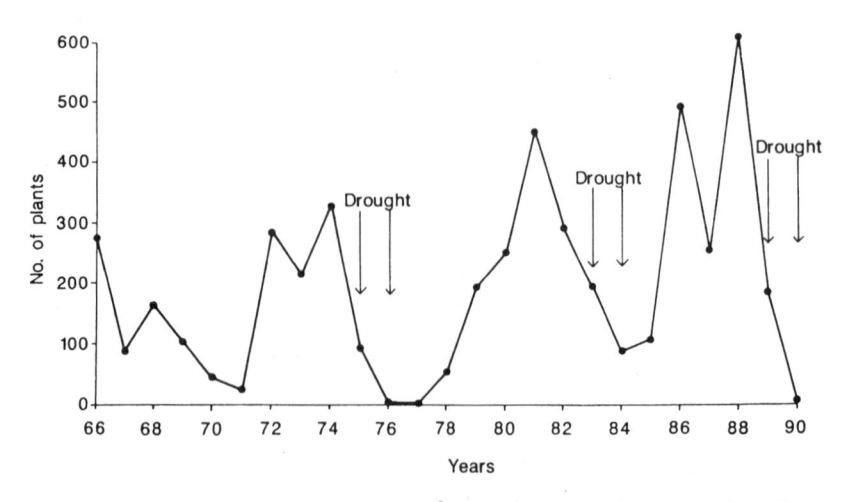

第9図　1966〜1990年間における444m²でのMusk Orchidの開花個体数の推移

らないと思っている。変動の原因については、後ほど検討するつもりである。

(c) 1966〜1990年の群落における個体数の消長

群落の個体数の年次変化として、累積増殖個体数、累積消失個体数と累積合計について、3本の線グラフで示す（第10図）。

これらについての注目すべきポイントはつぎの点である。
出芽：毎年新個体を生じるが、この変化は大きく、何か原因があるはずである。しかし、それは1968年には、508株であったものが、1977年はわずかに17株だけ

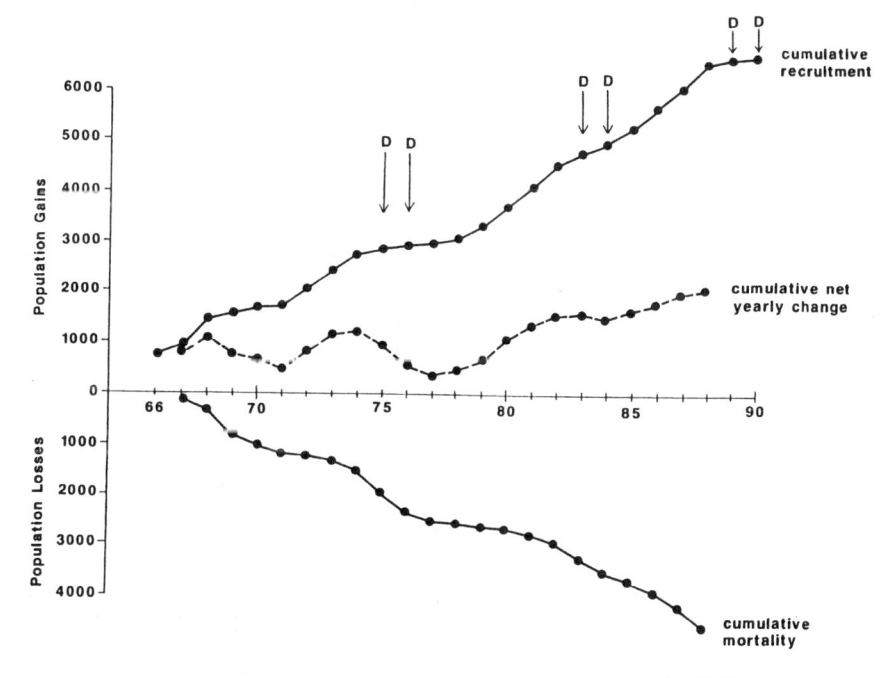

第10図　*Musk Orchid*における24年間（1966〜1990）の群落の年次別累積個体数の推移

であったように、非常に大きく変動している。1972〜74年は増殖の多かった年間であり、1975〜77年は増殖の少ない年間であった。増殖の少なかった年間は前年の6〜8月の降雨量が少なかったことと関連している。これは個体の増殖には、側芽の初期生育を促す光合成産物が十分に蓄えられることが必要であることを示唆している。

死：1969年には466株であったものが、1972年には28株に減少していた。すなわち、418株は1976年の異常な干ばつで枯死したのである。

個体群の中で、相当数の入れ替わり変動があることを示している。たとえば、6,000株以上が24年の研究期間中に群落に加わり、500株以上が枯死してしまった。

(d) 1966〜1988年のコホートの生き残り（第11図）

この曲線は特定年に起こった個体の枯死数を示したものである（コホートとは、特定の時点で発生した個体群のこと）。

1975年以前に発生したコホートは2.3〜6.6年で半分が生存していた。生き残り変化も一般的にみられるのと同じような傾向を示していた。すべてが1975〜1977年までの間に顕著な増加があった。これは例外的な干ばつの場合とよく符合しており、1976年（300年間最もひどいと言われている）の大干ばつで終っている。

1975〜1977年の死滅後からは通常年の増殖傾向にもどり、その後、個体群は全く壊滅的な要因に合わなかったことを示している。

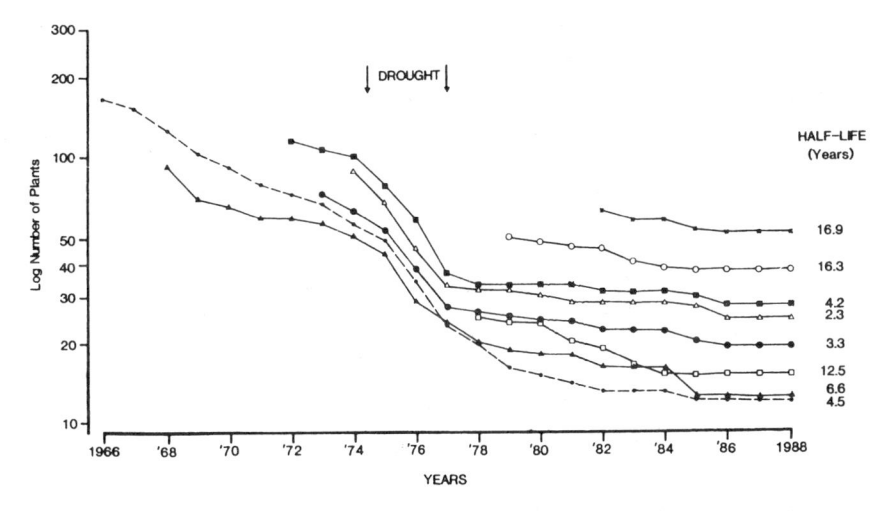

第11図　1966〜1988におけるMusk Orchidの生存個体数の年次別推移

1977年後のコホートの傾向はよく類似し、16.9〜16.3年に半分が生存していた。

(e) 干ばつの年の開花への影響

コホートには、開花する個体より未開花個体の方がいつも多く存在し、各年花をつける個体の割合はかなり変化する。1972年の36.6％から1977年の0％、1979年、1981年、1988年には、30％がそこらを示している。

大干ばつの1976年の開花はわずかに0.41％に過ぎず、種子も採れなかった。翌年の1977年は全く開花せず、前年からの「持ち越し効果」が明らかに認められた。

さらに、重回帰法で開花と各種の気候要因との相関関係を調べてみた。これについて概観すると、① 当年の3月から5月の雨量、② 前年の6月から8月の雨量、③ 前2ヶ年の12月から4月の雨量と開花株の割合は、雨量と相関が非

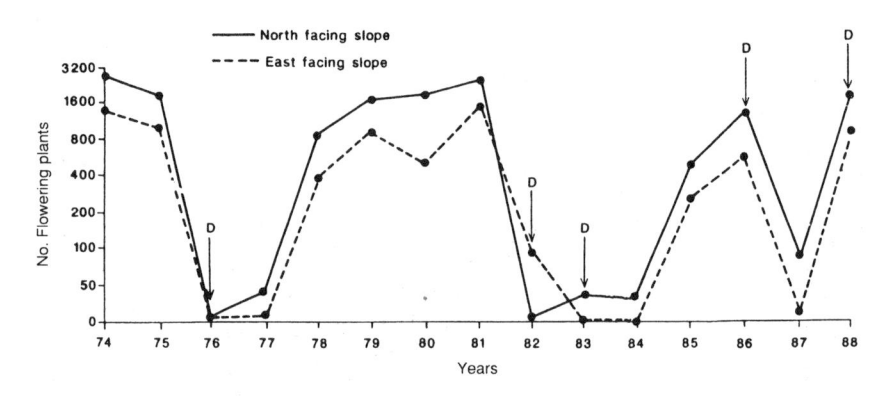

第12図　1974〜1988年間のオーストリアのThurinsenにおける
　　　　*Musk Orchid*の開花個体数の年次別推移

常に高いことが認められた。一方、夏の温度と開花の間には、とくに相関関係はみられなかった。

　最後に、研究の一端はオーストリアのThurinsenで行ったものである(第12図)。1974〜1988年には、開花と降雨量との相関関係が極めて高いこと(グラフ参照)を知り得たことは大変意を強くしております。

　ランは複雑で絡み合った生物学の分野であって、まだその入り口に立ったところである。ここで述べたタイプのコホートの研究では、群落とはどのような仕組みになっているのかが、いくらか解ったことである。この情報が魅惑的なランの保存を促進するために利用していただけることを望んでいる。

〈用語解説〉

Amenity Grassland（アメニティ草地）

「Amenity Grassland」(1980, John Wiley, London) の定義によると、「農業生産が主目的ではなく、レクリエーション的、機能的、美的価値をもつ草地」をいうとある。ここでいう機能的とは、沿道草地帯(verge)とか、自然保護地区の草地、水辺土手の草地などを意味していると思われる。

アメニティ草地は、全英国(U.K)で$8,500 km^2$あり、その約1/2 ($4,100 km^2$)を半自然草地が占めている。かつては芝生のような低茎草地が優占していた都市公園においても、ワイルドフラワーの豊かな高茎型の半自然草地がふえてきているのは、現代の自然指向を反映していると思われる。

これらの草地は、3年間、無管理の状態で放置されると、アメニティの目的を失ってしまい、さらに25年以内で、種の豊かな草地から森林の初期の段階へ遷移するといわれ、その点から、英国のみならず、西欧での草地管理は重要な課題となっている。

Areas of Outstanding Natural Beauty（AONB、自然景勝地域）

わが国では、AONBを国立公園に準ずる国定公園のように思われがちだが、決してそうではない。国立公園は景観の保護とともに、レクリエーション利用の増進を目標に置いている。しかし、AONBはレクリエーションよりも風景保護が強調され、補助金でもレクリエーション目的のプロジェクトよりも、風景を向上させるプロジェクトの方が優遇されている。

また、田園委員会(CC)が、"Heritage Coast（海岸遺産）"－法的指定はないが－と宣言した海岸線の多くがAONBに指定されていることも注目に値しよう。

Country Park（田園公園）

国立公園はレジャーとレクリエーションの場としてきわめて重要であるけれども、マイカーによる移動力をもつ都市人口の増大に対して、それだけで対応しきれないことは当初から明らかであった。そこで1日あるいは半日、都市近郊において田園地域をエンジョイできる施設の必要性が求められ、'49年法を改正したCountryside Act, 1968は、地方自治体にCountry Parkの設置と管理の権限を与えた。

最低規模10ha以上の営造物の公園（都市公園のように、敷地の所有権や借地権が自治体にあること）であること。入園は無料とするが、施設は有料でもよい。施

設としては、駐車場、トイレ、軽飲食店のほか、インフォメーションキオスク、子供用遊戯施設、釣りやボート場、ネーチャートレール、キャンプサイト、キャラバンサイト等がある。

当初の10年間で150ヶ所も設置され、1988年までに220ヶ所がオープンした。他方、もっと小さい規模でピクニックサイトも提供できることになり、これは260ヶ所になっている。

田園公園は、すぐれたハビタット（生物生息地）を抱えていることも多く、公園の約1/4はSSSI（科学的重要地区）を保有している。そのため、保全的視点からの管理も行われている。

Countryside Commission（CC、田園委員会）
Countryside Agency（CA、田園エージェンシー）

CCの前身は国立公園法（1949）に基づいて設立されたNational Park Commission（NPC、国立公園委員会）であり、その主な機能は国立公園とAONBの指定にあったが、Countryside Act, 1968によってNPCもCCと改称され、その役割も拡大し、田園風景美の保全と向上、ならびにレクリエーション施設－田園公園等を含む－の整備も行うようになった。

CCは、Rural Development Commission等との機関統合によって、1999年4月から、新しくCountryside Agencyとして発足することになった。

なお、上記'68年法は、農業団体や土地所有者をバックとする保守党政権のもとで改正されて、Wildlife & Countryside Act, 1980となった。もちろん、これには、多くの自然保護団体や都市計画学会等がこぞって反対した。

Domesday Book（土地台帳）

本書はイギリスにおける最も有名な公式記録で、しかも、ヨーロッパ史で最も注目すべき統計書である。

1086年、征服王ウィリアムⅠ世の官僚たちによって行われた土地調査の詳細な記録。当時の各私有地（estate）や農場（farm）に関する情報は無論のこと、1枚1枚の圃場や森のタイプや大きさから、家畜の種類や頭数に至るまで記載されている。

Downs（ダウンズ）

一般にイギリス特有の地形をいう。通常、石灰岩上、特に白堊質土層を基盤にして、ゆるやかに起伏する丘陵をなしている場合が多く、土壌が多孔質なため、雨水も急速に浸透して乾燥し易い。そのため、放牧用（grazing）草地として利用さ

れてきた。

　広々と展開する風景が美しいので、イングランド南部－ロンドンの周辺地域－でNorth Wassex Downs, Kent Downs, Sussex Downsの3ヶ所がAONBに指定されている。また、これらのAONBを縫って、The Ridgeway Path, North Downs Way, South Downs Wayの3本のNational Trailが整備されている。

Environmental Sensitive Area（ESA、環境的に敏感な地域）

　最も新しく設けられた保護地区の一つで、野生生物や景観上からとくに重視され、しかも農業活動によって影響を受け易い土地の保護を助成するため、EC（ヨーロッパ共同体）の資金提供を利用できることになっている。1986年の農業法は、農水産食糧省の命令によってESAの指定ができると規定している。

　1990年までに、Great Britain（イングランド、ウェールズ、スコットランド）で19ヶ所、農地用の3.5％に当る7,960 km^2 が指定されている。1ヶ所の平均規模は大阪市域の約2倍に相当する。指定によって土地の排水を自制し、化学肥料を抑制し、生垣、納屋、ため池などを保全するなど、その地域に適した農法を行わなければならない。

Fen（フェン、沼沢地）

　全体または一部が水深の浅い水面で覆われている低地で、ヨシやスゲなどの湿生植物の群落が成立している。植物遺体の分解が不十分で、ピートが次第に堆積した土壌構造をもつ。（Fenの方は、微アルカリの富養性であるのに対し、Bogは高地にみられ、微酸性の貧養性の地下水から成り、植生もミズゴケを主体としている。）

　特に、英国最大の面積（4,000 km^2）もつEast Anglia地方のフェンが有名であるが、今日ではほとんど農地化されてしまった。本文中にもある国立自然保護地区Woodwalton Fen（208 ha）は、最後に残った貴重な見本である。

　かつては屋根葺用として、ヨシやスゲが刈り取られてきたが、そのことによって、野生生物の豊かな多様性が保持されてきた。刈り取りの中止は、ヤナギやハンノキ、その他のかん木の侵入を許し、森林化へ向かって遷移を促すことになるからである。

Heathland（ヒースランド）

　一般に、かつての河川や氷河に堆積した、瘠薄酸性の砂質土壌に成立する植生景観である。可憐な花をつけるエリカやカルーナといったヒースの仲間が優占するが、ハリエニシダ（gorse）のかん木もはびこっている。放牧された家畜は、これ

を食べないので、放置すると増えていき、厄介視されている。(英国からニュージーランドへ、これが持ち込まれて蔓延していると、飯塚浩二がかつて報告している。)

Hedge (生垣)

　英国の田園風景を語るキーワードは何かと問われたら、生垣と石垣(Dry Stone Wall)を真っ先に挙げることができる。どちらも、畑とか牧場などを囲っているものを指している。推定によると、前者が100万km(うち、20万kmがスコットランド)というから、ひと昔前の日本の道路総延長に近い。面積に換算したら、大阪府の広さに等しい。

　それが農業の機械化、効率化の足かせになるとの理由で急速に除去されつつある。第二次大戦後から1970年までの25年間に毎年8,000km、つまり1%ずつ減り続けてきたが、近年の報告では4,700kmと減り方が鈍化しつつある。生垣の生態的、景観的価値が漸く見直されるようになり、生垣植栽の奨励策をとりはじめたためかもしれない。

　わが国で考えられているように、単純に並列的に植栽された生垣とは違って、それぞれの地方によっても異なる独特の構造をもつ編み垣から成り立っている。その主な理由は、羊や牛が簡単に生垣を通り抜けられないようにとの配慮からである。また石垣の方も、なかなか手の込んだ積み方をしている。

　一方、石垣の方は全長112,650km(1995年)であるから、生垣に比べたらはるかに少ないようだけれども、地域によってはローカルカラーとして捨て難い。しかし石垣の方も、その87%が荒廃しつつあると報告されている。

　なお、絵本「カントリーヘッジ」(1981、サンリオ)は、英国の生垣のある風景を知るよき手がかりを与えてくれる。また、生垣についての詳しい記事は、拙著「緑の作戦」(1981、大月書店)を参照。

Long Distance Route (LDR、長距離歩道)
National Trail (NT、ナショナルトレール)

　過去1/4世紀以上にわたって、国立公園やAONB内に、あるいはそれらの間を相互に結びつけるレクリエーションルートとして、さらにHeritage Coast (遺産海岸)に沿って整備されてきたのが長距離歩道であり、1989年からナショナルトレールと改称した。

　その第1号は、Pennine Way (400km)である。Peak District National Parkを北上して、二つの国立公園と結ばれている。1951年に認可されて、1965年の開設まで、

実に15年の歳月を要しており、いかに大変な事業であったかが判る。つまり、既存の通行権のあるルートの間のギャップを土地所有者との協定締結等によって埋め合わせていく必要があったからである。さらに、ルートに沿って宿泊施設や飲食の施設等の整備も重要な業務であるが、これらの業務は田園委員会から通過ルートの県へ委任された。

最近では、従来の田園地域型、海岸線型とは違って、むしろ大都市型ともいえるタイプが生まれた。テームズ川歩道がそれで、全長288kmにわたり、下流では右岸ルートと左岸ルートがあって、再開発地域のドッグランドまで続いている。現在14ルートが完成して人気を博している。

その魅力の秘密は、何といっても判り易い明確な標識にあるようである（ここでは触れないが、フランスでも同様であることを付け加えておこう）。しかし、それだけではなく、2.5万分の1の地形図が付いて、懇切丁寧に解説したハンドブックが出版されていることも見落としてはなるまい。

以上のように、国の設置する公式ルートとは別に、地方当局のイニシアティブによって生まれたものなど、多くの非公式ルートがある。Viking WayやRobin Hood Wayがその例で、これらは数時間のハイキング向きに計画された回遊型のデザインが多い。

National Nature Reserve（NNR、国立自然保護地区）

イギリスの自然保護地区は、法令によるものと法令によらないものとに大別される。法令によるものは、国立公園法に基づいて指定されることになっているが、さらに所管庁の違いによって、すなわち、Nature Conservancy Council（自然保護委員会）のもとにあるNational Nature Reserve（NNR）と、地方庁が所管するLocal Nature Reserve（LNR）に二分される。

Nature Reserve（NR、自然保護地区）は地域の生物相や地質的地形的特質の研究調査の機会を提供することになっているので、NRを"野外（outdoor）"実験室とか"生きた（living）"実験室と呼び、それに対して、国立公園などを"野外"サナトリウムと比喩的に呼ぶことがある。

現在指定されているNNRは230ヶ所、面積にして1,650 km^{2}に達している。それに対して、LNRは176ヶ所で、面積もきわめて小さい。

法令によらない自然保護地区とは、民間の諸団体の管理しているものをいう。その典型として、Royal Society for the Protection of Birds（王立鳥類保護協会）の所管する100ヶ所以上（50,000 ha）の鳥類保護地区（Bird Sanctuary）を挙げることができる。イギリスで繁殖する鳥類の90％以上をこの保護地区でカバーしているといい、

さらに多くの動植物のハビタットとしても重要である。

もう一つ民間で重要な保護団体は、40以上のCountry Trusts for Nature Conservationで、これらはまとまってRoyal Society of Nature Conservation（王立自然保護協会）の傘下に属している。これらの団体は1300ヶ所以上の自然保護地区を管理している。その面積は440,000 haと広大で、実に大阪府域の2.5倍に及んでいるのである。

その他に1972年設立したWoodland Trustは、65,000人の会員を擁し、すでに400ヶ所以上（5,200 ha）の森林を確保したが、うち70ヶ所以上は古い原生林として重要である。

なお、Macmillan社が足で調べてまとめたと自負する「Guide to Britain's Nature Reserves」（1984, London）は、717ページにわたって、約2,000ヶ所の自然保護地区の解説をしている。

National Parks（NP、国立公園）

イギリスの国立公園の誕生は、市民としての権利闘争をきっかけとしている点で大変興味深い。すなわち、1932年、まだ結成浅い散策協会（Ramblers Association）のメンバーが、ダービーシャー県のKinder Scoutで起こした事件に端を発している。

暗い都市生活の悲惨から逃れて、自由で広大な山並みの風景の中で心身をリフレッシュしたいと願う市民－散策協会のメンバーでもある－。他方、狩りの対象であるライチョウを息抜きにやってきた人々から守ろうとする地主側との間に対立が生じた。この広大な荒蕪地には公衆の通行権はまだ存在せず、したがって、レクリエーションとしての利用権もなかったため、遂に数千人もの市民と地主側の監視人たちとの衝突事件を起こすに至った。

これがやがて山岳接近法（Access to Mountains Act, 1939）の制定につながり、第二次大戦後、Hobhouse Report of 1947（Footpaths and Access to the Countryside）を経て、National Parks and Access to the Countryside Act, 1949（国立公園および田園接近法、略して単に国立公園法ともいう）が成立した。これによって、たとえ私有地であっても、自然や田園風景は国民共有の財産であり、それを享受する権利が国民すべてに平等に与えられているとの考え方が定着した。

国立公園法は、国立公園のほかに、Areas of Outstanding Natural Beauty, AONB（自然景勝地域）、自然保護地区、SSSI（科学的重要地区）の設立の法的根拠となっている。

現在、NPとAONBを合わせて28,000 km^{2}に達し、国土（イングランドとウェールズ）の18％を占めている。因みに、日本の場合、国立公園と国定公園は、それぞれ国土の5.4％、3.4％である。

なお、国立公園スタッフ(パートや季節的スタッフを除く)は、626名(うち、女子159名)を擁し、広報に55名、ビジターセンターに70名、レンジャーに79名が張りついている。日本の体制が―データを挙げるのも憚られるほど―いかに貧弱であるかが判る。

Nature Conservancy Council (NCC、自然保護委員会)
English Nature (EN)

等しく田園地域にかかわりをもちながら、田園委員会(CC)とは僅かに違った視点から取り組んでいる機関である。もともと、1946年の勅許によってNature Conservancyとして設立され、Nature Conservancy Council Act, 1973 によって名称変更するとともに、組織としての法的根拠が与えられた。田園委員会と同様、そのメンバーは環境主務大臣によって任命される。現在、NCCはEnglish Nature (EN)と名称が変わり、以前のような堅苦しさがなくなってきた。

Moorland (ムアランド、荒蕪地)

低地のヒースランドと同様に、やはり乾燥した山地にみられるのがムアランドである。特に、スコットランド地方に大きく広がっている。

ここでも、カルーナが優先するヒース植生が成立しているが、ライチョウの食草として定期的(10～15年)な火入れによって更新されている。

Right of Way (通行権)

通行権とは、他人の所有地であって、しかも作物が栽培されている耕作地であれ、牧場であれ、ある一定のルートに沿って誰でも通行できる権利を指しており、それは何世代、何世紀にもわたって続いてきた制度である。

一般に、仕事の仕ება、市場や教会、近隣の村への行き来のために通行権が認められていたが、この歴史的慣行に現代のレクリエーション的利用が加わった。したがって、一方の農民や地主の権利と他方の公衆の権利との間で公正なバランスをとりながら、現代の要求に沿った方向で法的な発展を遂げてきたといえる。

通行権をもつルートには、footpath (歩道)とbridleway (乗馬道)の2種類があり、イングランドとウェールズだけで224,000km (うち、乗馬道が45,000km)に達している。地域によって疎密があるが、平均密度は1.25 km/km^{2}であるから、いかに網の目のようなネットワークが形成されているかが理解されよう(OSの1/2.5万と1/5万の地形図には、それぞれ、緑と赤で明示されている)。一般のアクセスを認めていないのは軍用地だけであり、その用地が広大であるだけに、その閉鎖性が

批判の矢面に立たされている。

Site of Special Scientific Interest（SSSI、科学的重要地区）

　NP、AONB、自然保護地区と同じく国立公園法（1949）に基づいて、自然保護委員会（NCC）が指定する。すなわち、自然保護地区以外の土地で、動植物、地形地質の点で、特に重要と認めた区域を指定してきた。1990年現在で5,300ヶ所、面積は16,270 km^{2}に達し、国土の7％に相当する。

　その他に、国際的義務に沿っているとか、国レベルで重要であると認められる場合、Super-SSSI（科学的重要特別地区）の指定も行っているが、この方は1989年現在、18ヶ所にとどまっている。

〈参考図書〉

J.F. Garner and B.L. Jones（1991）：Countryside Law, Shaw, London.
O. Rackham（1978）：Trees and Woodland; The British Landscape, J.M. Dent, London.
A. Warren and F.B. Goldsmith（1983）：Conservation in Perspective, John Wiley, Chichester.
J. Davidson and R.Lloyd（1977）：Conservation and Agriculture, John Wiley, Chichester.
I.H. Rorison and R. Hunt（Eds.）（1981）：Amenity Grassland-An Ecological Perspective, John Wiley, Chichester.
G. Peterken（1985）：Woodland Conservation and Management, Chapman and Hall, London.
A.W. Gilg（1996）：Countryside Planning, Routledge, London.
和泉真理（1989）：英国の農業環境政策、富民協会.

【索 引】

A

Alisma	112
Alisma gramineum	111, 115
Amenity Grassland	121
AONB	53
Availability	79

B

British Organic Farmers	43
BTCV	56
BTO	57

C

CAP	7, 26, 39
Chara spp.	112
Cirsium acaulon — Stemless Thistle	109
CITES	103
Common Bird Census	57
coppice	66
Country Park	17, 87
Countryside Commission (CC)	8, 15
Countryside Stewardship	42
Cowslip	123

D

Domesday Book	59
Dooijersluis	113
Downs	85

E

Earth Watch	57
EC	33, 39, 40
Elatine hydropiper	112
Eleocharis palustris	112

F

FWAG	56
Fen Ragwort	107

G

GATT	7

H

Habitat Transfer	131
Hedgerow Incentive	42

I

ITE	28

L

Less Favoured Areas	42

M

MAFF	27, 43
Moore	34

N

N.C.ロスチャイルド	52
National Nature Reserve (NNR)	27, 52
National Parks (NP)	13
National Trail (NT)	17, 22
Nature Conservancy Council (NCC)	28
Nature Conservancy (NC)	26, 52
NCC	54
Norfolk NaturalistsTrust	53
NSA ; Nitrate Sensitive Area	44
nurse crop	122

P

pollarding	69

R

Ramsey Heights Clay Pits (RHCP)	55
Reed mace ガマ	112
Ribbon-leaved Water Plantain	111
Right of Way	17
RSNC	54
RSPB	49, 85

S

Selbourne Society	50
Senecio paldosus	115
Site of Special Scientific Interest (SSSI)	19, 54
Soil Association	43

T

The National Parks Act	53
SPNR	52

W

Watch	55
WATCHWORD	56
Wildfowl Trusts	57

Wildlife Trusts	85
Woodwalton Fen	52
WWF	57

Y

YOC	56
Yorkshire Fog	123

あ行

アオサギ	50
赤クローバー	124
アクセス	10
アシュラム	95
亜硝酸態	92
アタッチメント	132
アップウッド採草地	54
圧力（環境負荷）	8
アナグマ保護法	51
編み枝	61
アングロサクソン憲法	59
アンモニア態	92
生垣	26, 32
生垣復元計画	33
イタリアン・ライグラス	122
イヌムギの一種	80
イネ科植物	71
イラクサ	81
イリー	108
インタープリティヴ	55
ウィッケン	109
ウィリアム・ターナー	47
ウィリアムⅠ世	59
ウィルトシャー・ホーン	80
ウィルトシャー県	96
ウィルトシャー考古学・自然史協会	48
ウェストウッド・グレート・プール	112
ウォーセスター	111
ウッドウォルトン	109
ウッドウォルトン・フェン	99
ウッドランド・トラスト	57
運河（水路）	17
英国山岳会	20
英国乗馬協会	19
英国水路公団	17
永続的放牧地	40
塩性湿地	42
王立協会	48
王立動物虐待防止協会	49
オナガムシクイ	37

か行

海鳥保護法	49
回復計画	104
カエデ	65
化石燃料	42
カバ	65, 92
カリウム	81
刈り取り	83
カルシウム	81
カルーナ・ブルガリス	92
環境資源	11
環境奨励金政策	42
環境保全活動	47
きのこ類	114
ギャップ	75
休耕地政策	39
休耕プログラム	43
キュー・ガーデン	107
教育センター	55
キングレイ・ヴェール	88
ギンシラサギ	50
キンポウゲ	123
菌類	66, 94
草地生態系	81
草地の種構成	76
草地マット	118
グラス	74, 118
グレート・ブリテン島	17
群落組成	84
競馬	19
公共歩道	17
耕作地補償計画	43
耕地システム	87
高等植物	66
高木点在型低木林	60
高密度短期間	80
広葉性の植物	71
ゴーカート	20
5カ年継続休耕計画	43
ゴクラクチョウ	50
苔（コケ類）	66, 71, 92
湖沼地方	53
湖水地方	15
コドラート	28
コリドー	37
ゴルフ	19
コロニー	37

さ行

サイクリング	18

再生可能な資源	60
サイレージ用	44
作物用地	32
サクラソウ	65
サセックス県	88, 98
サンザシ	65
残存林	57
サンプリング地	28
産業考古学博物館	17
シカ保護法	51
自然遺産および国立公園公社	8, 15
自然教育	129
自然保護ボランティア活動	47
持続的発展	11
下刈り	63
集約的放牧	81
硝酸塩計画の改正	44
沼沢群落	108
乗馬	19
奨励金制度	39
食糧自給率	25
新荒無地計画	42
新生息地計画	42
水上スポーツ	22
スコティッシュ・ブラックフェイス	80
スコルト・ヘッド島	53
筋播き機	121
スロット・シーダー	125
スロット・シーディング	124
生活型	74
成長パターン	76
生物学的規制	41
西洋アブラナ	97
セイヨウオキナグサ	73
西洋トリネコ	65
セージ	79
石灰岩	98
石灰質の草地	73
絶滅危惧種についての法律	104
選択的除草剤	44
霜害	94
双子葉植物	126
粗エネルギー	78
ソーイ	80

た行

ダーラム	131
ダチョウ	50
多年生(植物)	75, 122
炭水化物	94

地衣類	92
地球の友	56
地質第3紀	34
地中植物	74
窒素	78
畜産加工品	71
窒素含有量(固定量)	94
窒素濃度	92
地表植物	74
沖積平野	85
長期間低密度	80
長期休耕地政策	40
貯蔵部位	74
地理情報システム	95
釣り	18
デイジー	126
泥炭地	85
低木林型ローテーション	60
低木林の管理	60
低木林の更新サイクル	61
低木林方式	60
田園地域のための協議事項	9
田園地域の保護	9
伝染病	91
踏圧	81
島嶼生物地理学	36
ドーセット県	34, 95
登山	20
土壌断面	87
ドナー・サイト	132
土塁	87
塗料	61
トンボ	56

な行

ナラ	62
日用品小道具	61
ニュータウン	129
ニューマーケット	20
ニレ	62
農業改良	28
農業環境政策	42
農業用グラス類	76
農耕地補償	43
ノース・ヨーク・ムーア	15
ノッキング・ホー	97

は行

ハーブ類	122
ハイイロアザラシ保護法	51

バイオマス燃料	42
パイロット・エリア	42
ハシバミ	65
播種床	121
パスチャー	71
パスチャー型グラス	76
パッチ状の生息地	35
パブリック・アクセス	8
ハヤブサ	102
ハリエニシダ	99
バルブ・プランター	126
半自然草地	71
半自然型生息地	29
半自然的群落	36
半地中植物	74
ハンナ・ポーランド	50
ピーク・ディストリクト	22
ピーク地方	15
ヒースランド	34
ビーラー	80
火入れ	88, 99
ビオトープ	35, 65
東アングリア地方	33
ピクニックサイト	17
ヒメシジミ	37
フィールド・クラブ	48
フィールド・スポーツ	19
フェノロジー	76
フェン群落	108
腐植	88
ブランプトン	20
プリムローズ	101
ブルーベル	65
ブレックランド	94
ペーター・スコット	57
ペーター・ボロー	18
ベッドフォードシャー県	97
ヘブリディーン	80
ペンブロークシャー海岸	15
放牧のシステム	82
放牧用地	32
法律的手段	51
ポートン・レンジス	96
捕鯨反対運動	56
補助金	33
ポット苗	126
ボランティア団体	28

ま行

マメ科	94
ミサゴ	102
水辺植生生息地	42
未来像	9
ミルトン・キーンズ	18
無機窒素	77
無脊椎動物	35, 66, 69
メドー	73
モンクスウッド研究所(試験場)	26, 122

や行

野生ガーリック	65
野生植物保護法	51
野生生物および田園地域法	101
野生生物保護基金	99
野鳥保護法	51
ヤナギ	65
有機栽培補助計画	43
ヨークシャー・ナチュラリスト・トラスト	53
ヨシ原	99
ヨシ焼き	99
より広い田園地域	27

ら行

ラウンケア	74
落葉広葉樹	59
ラボトノフ	75
ラリングトン・ヒース	98
リバプール	129
リン	78
リンカーンシャー・ナチュラリスト・トラスト	53
リンカーン県	111
輪作	43
リンネ	48
リンネ協会	48
リン酸	94
ルプス属	39
レクリエーション活動	18
レシーヴィング・サイト	132
レッド・データ・ブック	101
ロッククライミング	20
ロバート・ウィリアムソン	50
ローテーション	32, 40
ローテーション放牧	82

わ行

ワイルドフラワー	26, 38, 118
ワラビ	92

監修者プロフィール

Terence C.E. Wells　テレンス C.E. ウェルズ

1935年、英国生まれ
リーデング大学卒
1997年まで英国国立陸上生態研究所(ITE)自然保護植生管理室長
「陸生ランの個体群生態学」(1991)ほか、著書・論文多数
1988年、チャーチル記念財団名誉会員

訳者紹介

高橋　理喜男（たかはし　りきお）

1928年　福島県に生まれる
1952年　東京大学農学部卒業
1970年　大阪府立大学農学部教授（造園学）
1991年　日本大学農獣医学部教授
　現在　㈳大阪自然環境保全協会会長

〈主な著書〉
　「都市林」（共著：1970，農林出版社）
　「都市林の設計と管理」（編著：1977，農林出版社）
　「緑の作戦－ヨーロッパと日本」（1981，大月書店）
　「緑の景観と植生管理」（編著：1987，ソフトサイエンス社）

英国田園地域の保全管理と活用

2000年（平成12年）2月28日　　　　　初版刊行

著　　者　　テレンス C.E. ウェルズ
訳　　者　　高橋理喜男
発 行 者　　今井　貴・四戸孝治
発 行 所　　㈱信山社サイテック
　　　　　　〒113-0033　東京都文京区本郷6－2－10
　　　　　　TEL 03(3818)1084　FAX 03(3818)8530
発　　売　　㈱大学図書
印刷・製本／エーヴィスシステムズ

©2000 高橋理喜男　Printed in Japan　ISBN4-7972-2537-8 C3040

【信山社サイテック「自然環境／関連」図書】　2000/1

自然復元特集 1. ホタルの里づくり　　自然環境復元研究会編
　　ISBN4-7972-2973-x C3045　　Ｂ５判；140p　　定価：本体 2,800 円（税別）
自然復元特集 2. ビオトープ -復元と創造　　自然環境復元研究会編
　　ISBN4-7972-2972-1 C3040　　Ｂ５判；140p　　定価：本体 2,800 円（税別）
自然復元特集 3. 水辺ビオトープ -その基礎と事例　　自然環境復元研究会編
　　ISBN4-88261-530-4 C3045　　Ｂ５判；145p　　定価：本体 2,800 円（税別）
自然復元特集 4. 魚から見た水環境－復元生態学に向けて／河川編　　森 誠一監修
　　ISBN4-7972-2516-5 C3045　　Ｂ５判；244p　　定価：本体 2,800 円（税別）
自然復元特集 5. 淡水生物の保全生態学－復元生態学に向けて　森 誠一編集
　　ISBN4-7972-2517-3 C3045　　Ｂ５判；250p　　定価：本体 2,800 円（税別）
自然復元特集 6. 学校ビオトープの展開－その理念と方法論的考察　杉山恵一・赤尾整志監修
　　ISBN4-7972-2533-5 C3040　　Ｂ５判；220p　　定価：本体 2,800 円（税別）
ジンベザメの命　メダカの命　　吉田啓正著
　　ISBN4-7972-2547-5 C3040　　Ａ５判；210p　　定価：本体 1,800 円（税別）
海辺ビオトープ入門；基礎編　　杉山恵一監修
　　ISBN4-2519-X C3045　　Ａ５判；164p　　定価：本体 2,000 円（税別）
輝く海・水辺のいかし方　　廣崎芳次著
　　ISBN4-7972-2539-4 C345　　Ａ５判変型；156p　　定価：本体 1,800 円（税別）
都市河川の総合親水計画　　土屋十圀著
　　ISBN4-7972-2523-8 C3051　　Ａ５判；248p　　定価：本体 2,900 円（税別）
エバーグレーズよ永遠に－広域水環境回復をめざす南フロリダの挑戦　　桜井善雄訳・編
　　ISBN4-7972-2546-7 C3040　　Ａ５判；104p/ｶﾗｰ　　定価：本体 2,500 円（税別）
増補 応用生態工学序説－生態学と土木工学の融合を目指して　　廣瀬利雄監修
　　ISBN4-7972-2508-4 C3045　　キク判変；340p　　定価：本体 3,800 円（税別）
沼田 眞・自然との歩み －年譜／総目録集　　堀込静香編纂
　　ISBN4-7972-2801-6 C0040　　キク判変；240p　　定価：本体 5,000 円（税別）
環境を守る最新知識－ビオトープネットワーク　自然生態系のしくみとその守り方（財）日本生態系協会編
　　ISBN4-7972-2531-9 C3040　　Ａ５判；180p　　定価：本体 1,900 円（税別）
最新 魚道の設計－魚道と関連施設　　（財）ダム水源地環境整備センター編
　　ISBN4-7972-2528-9 C3051　　Ｂ５判；620p　　定価：本体 9,500 円（税別）
景観と意匠の歴史的展開－土木構造物・都市・ランドスケープ　　馬場俊介監修
　　ISBN4-7972-2529-7 C3052　　Ｂ５判；358p　　定価：本体 3,800 円（税別）
湾岸都市の生態系と自然保護
　監修；沼田眞（日本自然保護協会会長）／編集；中村・長谷川・藤原（千葉県立中央博）
　　ISBN4-7972-2502-5 C3045　　Ｂ５判；1,070p　　定価：本体 41,748 円（税別）
都市の中に生きた水辺を　　身近な水環境研究会編　桜井善雄・市川新・土屋十圀監修
　　ISBN4-7972-2975-6 C3040　　Ａ５判；294p　　定価：本体 2,816 円（税別）
都市につくる自然　　沼田眞監修/中村俊彦・長谷川雅美編集
　　ISBN4-7972-2976-4 C3045　　Ｂ５判；192p　　定価：本体 2,816 円（税別）
自然環境復元入門　　杉山恵一著
　　ISBN4-7972-2977-2 C3040　　Ｂ６判；220p　　定価：本体 1,900 円（税別）
市民による里山の保全・管理　　重松敏則著
　　ISBN4-88261-504-5 C3045　　Ｂ５判；75p　　定価：本体 2,800 円（税別）

【近刊案内】
沼田　眞著作全集（全 15～20 巻予定）　　－平成 12 春刊行計画発表－